Tous nos ouvrages sont disponibles aux

Éditions Decoopman
Ferrières
30440 Saint-Laurent-le-Minier
Tel : +33 (0)4.67.73.90.95
web : www.decoopman.com
e.mail : livres@decoopman.com

Olivier Lacaux
Jean Castanier

I.S.B.N. 978-2-36965-185-7
Dépôt légal : 4e trimestre 2024

Photo de couverture : **Moteur Le Rhône 9C de la collection du groupe aéronautique français Safran.**
Composé de neufs cylindres, ce moteur rotatif en étoile de 80 chevaux a été spécialement conçu pour l'aviation. Les premiers exemplaires de ce moteur sont produits en grande série dès 1912 . Photo Philippe Wodka-Gallien.

Ouvrages parus
aux Éditions Decoopman
Collection « *Sciences & Techniques* »

Auto / Moto

- *Embrayages & Feins* - R. Champly
- *Le carburateur* - R. Bardin
- *ABC des moteurs électriques* - R. Bardin
- *ABC du moteur Diesel* - A. Colmant
- *ABC du moteur de voiture* - L. Chrétien & R. Daman
- *ABC de l'allumage électrique des automobiles* - M. Apolit
- *ABC de l'allumage Delco* - A.M. Touvy
- *ABC de la moto* - Roland Tessier
- *ABC du carburateur* - M. Apolit
- *Motocyclettes et side-cars* - M. Zerolo

Chemins de fer

- *La locomotive* - U. Lamalle & F. Legein
- *La machine locomotive* – E. Sauvage
- *Les chemins de fer* – A. Guillemin
- *Locomotive & Chemin de Fer* – L. Figuier

Électricité

- *Des électromoteurs* - T. du Moncel
- *La machine de Gramme* - A. Breguet
- *La bobine Ruhmkorff* - A. Loiseau

Horlogerie

- *Encliquetages*
- *Échappements à ancre* - École de Cluses
- *Guide-manuel de l'Horloger* - C. Saunier
- *Histoire de l'Horlogerie* - P. Dubois
- *L'Horloger* - C. Poncet
- *L'art de connaître les montres* - J. Gondy
- *L'art de l'Horlogerie enseigné en trente leçons* - Anonyme
- *Les merveilles de l'Horlogerie* - Graffigny
- *L'horlogerie électrique* - G. Tobler
- *Traité d'horlogerie moderne* - C. Saunier

Hydraulique

- *Traité d'hydraulique* - N. Boquillon
- *Machines destinées à l'élévation des eaux* - A. Morin

Marine

- *La Marine française* - F. Roux
- *Des bateaux aux couleurs de la Gironde* - F. Jouison
- *Abécédaire des forces sous-marines* - P. Nôtre & J. L. Vichot
- *La Marine de guerre* – L. Huard
- *La Marine de guerre – A. Sauvaire-Jourdan*
- *La navigation sous-marine* – G.L. Pesce
- *Les bateaux automobiles à pétrole* - R. Champly
- *Les paquebots à grande vitesse – M. Dumoulin*
- *Les Torpilles* – E. Hennebert
- *Sous-marins & submersibles - Max Laubeuf*
- *L'Artillerie moderne (Le monde industriel)* – L. Huard

Mécanique

- *507 Mouvements mécaniques* – H. Brown
- *760 mouvements mécaniques* - G. Vander Haeghen
- *Appareils d'obturation* - J. Gary et A. Druot
- *Des mécanismes élémentaires* - L.E. Loche
- *Engrenages & Transmissions* – G. Franche
- *Engrenages et vis sans fin* - R. Champly
- *Les Machines* – E. Collignon

Ouvrages parus
aux Éditions Decoopman
Collection « *Sciences & Techniques* »

Mécanique (suite)

- *Les mouvements mécaniques* - M. Nicaise
- *Mécanismes des machines* - H. Leblanc
- *Notions de technologie mécanique* - P. Beauvais
- *Organes de transmission* - R. Champly
- *Organes de machines* - J. Gary et A. Druot
- *Organes auxiliaires des machines* - R. Champly
- *Traité de mécanique industrielle* - S. Flachat
- *Traité pratique des engrenages* - L. Wève
- *Transmission du mouvement* - J. Gary et A. Druot

Métiers

- *Comment on devient forgeron* - R. Champly
- *Forges et fonderies* - G. Franche
- *La serrurerie* - H. Havard
- *Manuel du luthier* - Maugin & Maigne
- *Histoire de l'imprimerie* - P. Lacroix
- *L'art du luthier* - A. Tolbecque
- *Accordeur de pianos* - G. Huberson

Moteurs

- *Réparation et mise au point des moteurs Diesel* - N. L. Erpelding
- *Moteurs d'aviation - France 1920* - R. Bardin
- *Moteurs d'aviation* - C. Martinot-Lagarde
- *Le moteur sans soupape Knight* - A. Contet
- *Les Moteurs* – H. de Graffigny
- *Les moteurs à vent* - R. Champly
- *Moteurs* - Max de Nansouty
- *Moteurs & Gazogènes* – L. Letombe

Moteurs Stirling

- *D'Asap à Rhombic 160* - D. Lyonnet
- *Fabriquer des moteurs Stirling* - A. Ross
- *Petits moteurs Stirling pour l'amateur* – D. Lyonnet

Vapeur

- *Catéchisme des Chauffeurs* - Collectif
- *Distribution de la vapeur* - M. Castelnau
- *Distribution de la vapeur dans les machines* - A. Spineux
- *Gouvernails à vapeur Farcot* – J. Farcot
- *Histoire de la machine à vapeur* – R.H. Thurston
- *L'A.B.C. du Chauffeur* – H. Mathieu
- *Les bateaux à vapeur* – L. Figuier
- *Les Locomobiles* – L. Figuier
- *Les machines à vapeur* - J.P. Delaby
- *La machine à vapeur* – E. Sauvage
- *La Vapeur – A. Guillemin*
- *Tiroirs et distributeurs de vapeur* – A. Madamet

Le moteur rotatif : une innovation, une révolution française

Philippe Wodka-Gallien

Farman, Blériot, Breguet, Deperdussin, Caudron, Morane-Saulnier, Nieuport, Spad, des avions français. Avro, Sopwith Camel, Strutter, Blackburn, Bristol, Short, Vickers produits outre-Manche chez nos nouveaux amis Anglais. Fokker et Siemens-Schuckert outre Rhin avec croix de fer menaçantes sur les voilures, Caproni en Italie, ou encore Sikorsky en Russie, dans le ciel des années 1910 autant d'avions de légende qui n'auraient pu connaître ni l'altitude ni la renommée sans une mécanique à pétrole d'une étrange conception, le moteur rotatif.

La réédition de *Moteurs Rotatifs*, livre écrit en 1918 par René Vidalie, ingénieur des Arts et Métiers, vient enrichir une série inaugurée en 2023 avec la réédition de *Moteurs d'aviation*(1), un livre signé du capitaine Martinot-Lagarde pour la première fois publiée en 1920. La série consacrée aux techniques aéronautiques se poursuit avec un second ouvrage, *Contribution française à l'évolution des moteurs*(2). Signé Max Serruys, ce recueil historique avait été initialement réalisé en 1956.

Ce troisième opus parachève une trilogie qui met en lumière une culture industrielle française reconnue dans le monde entier, jusqu'aux États-Unis et au Japon. Dans *Moteurs rotatifs,* René Vidalie se distingue par une approche exclusivement théorique. Son manuel vient ainsi com-

(1) Decoopman,2023

(2) Decoopman, 2024

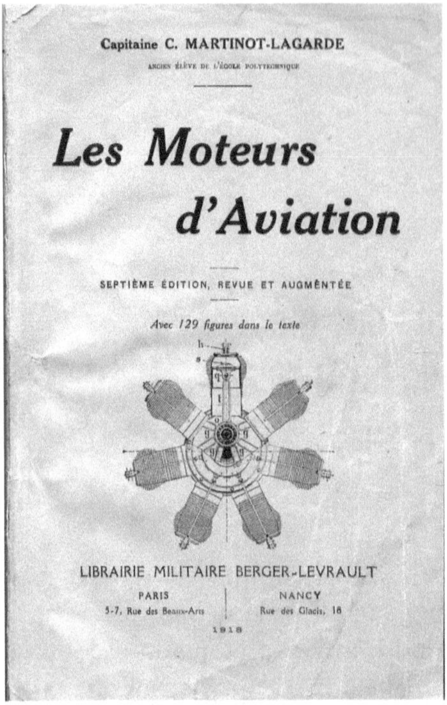

Première de couverture du livre Moteurs d'Aviation du capitaine Martinot-Lagarde. En illustration le moteur rotatif.

pléter par les mathématiques les deux ouvrages précédents qui, pour leur part, avaient mis l'accent sur le dessin industriel des mécaniques animées. Le moteur rotatif est une révolution. Enfin, peut s'envoler l'aéronautique, sa mythologie, sa légende. La propulsion est le défi à relever pour ceux qui rêvent de machines dites « plus lourdes que l'air ».

Faire vivre la culture aéronautique française par la technologie

Il convient de saluer la sortie de ce nouveau livre produit à l'initiative des éditions Decoopman, éditeur qui, depuis plusieurs années, ressuscite des livres d'autrefois consacrés aux technologies françaises, une entreprise ambitieuse de restauration à destination des univers de production industrielle d'aujourd'hui.

Véritable travail de mémoire, la collection « Sciences et techniques anciennes » ressuscite la culture d'une France faite d'usines et de manufactures, de sciences et d'innovations. Les Français se révèlent au fil des siècles comme l'un des pays les plus créatifs au monde, ceci appliqué à l'architecture, l'horlogerie, la mécanique et les moteurs, les télécommunications, mais aussi les armes anciennes, la construction navale militaire jusqu'aux torpilles.

Nécessitant un travail méticuleux de restauration, la collection fait revivre l'héritage technologique de notre pays, mettant ainsi en lumière une culture technologique qui a irrigué le pays de richesses et d'activités. En se plongeant dans la France des *Années folles*, l'ambition industrielle française a une part majeure dans la révolution industrielle. Ce livre nous renvoie aux origines de la propulsion moderne, une innovation critique qui fait s'envoler l'aviation. Dans tous les domaines, le pays s'est forgé une réputation mondiale, de la cathédrale Notre Dame de Paris à la Tour Eiffel, produit du génie industriel tricolore et instrument de télécommunications.

À l'aube des années 1900, le siècle des ballons s'achève. Jules Verne dans *Les Aventures extraordinaires* en a fait un objet emblématique de la conquête des airs. Pour aller vite et loin, comme le suggère Clément Ader, il faut un autre engin, l'avion. Il est établi que son invention, l'*Éole*, ne put prendre correctement son envol faute d'une propulsion suffisamment performante. Les efforts qu'il avait déployés pour concevoir une machine à vapeur légère et puissante n'ont pas donné le rendement requis. Sa machine s'élance mais ne peut ni grimper ni maintenir une trajectoire contrôlée.

Le moteur à pétrole est l'invention attendue pour enfin faire décoller l'aviation, avec ou sans jeu de mot. Les frères Wright le démontrent le 17 décembre 1903 dans la foulée avec l'envolée du *Flyer* depuis une plage de Kitty Hawk en Caroline du Nord. Ensuite tout va très vite, alors même que l'invention est immédiatement suivie du déclenchement d'un conflit mondial. Alors même que l'aviation est une technologie duale, c'est dans la guerre qu'elle connaît son développement. C'est ainsi.

Le Blériot XI du musée Safran, l'avion aux commandes duquel Louis Blériot vainquit la Manche le 25 juillet 1909. Pour cet exploit, son avion était doté d'un moteur Anzani, un trois cylindres de 35 chevaux. On distingue sur ce modèle un moteur rotatif Omega parfaitement restauré. Photo PWG

Puisé dans le patrimoine des premières années du XXe siècle, ce livre porte un autre message : en 1917, son auteur, l'ingénieur René Vidalie se tournait vers l'avenir, alors même que l'Europe s'affronte le long des tranchées, baïonnettes aux canons. Ce chapitre introductif tente de montrer que l'on passe vite de la théorie aux exploits des premiers aviateurs et de leurs machines. Ils ont brisé les records dans une approche quasi sportive, avant de s'affronter dans le ciel des tranchées. Applications militaires et civiles sont les deux faces de toute innovation.

En matière aéronautique, l'invention par les frères Seguin du moteur rotatif en 1909 est associée au Blériot XI. Un moteur à l'avant, un fuselage, un empennage et une voilure au centre : le Blériot est l'avion par excellence. Sa configuration n'a guère changé depuis. Avec l'ensemble Blériot – moteur rotatif, la conquête du ciel peut commencer.

De Paris à Moscou, de Londres à Rome, et de Bruxelles à Berlin, l'Europe domine encore le monde. De brillantes civilisations rivalisent dans les arts, l'architecture et l'industrie, donc dans la mécanique, et donc dans l'aviation naissante. Le moteur à pétrole est la rupture technologique qui bouleverse les modes de vie. La vitesse peut s'adresser à tous, à chacun. Avec l'automobile, les débuts de l'aviation annoncent un bouleversement dans les modes de transport. On sait aujourd'hui qu'elle a modelé directement et durablement les organisations humaines. Le moteur à explosion apporte une percée majeure : la vitesse, mais plus encore, transforme la société en apportant à chacun une liberté inédite de déplacement, au profit du plus grand nombre.

Le moteur rotatif, comment ça marche ?

Le moteur rotatif est une rupture technologique pour reprendre notre phrasé contemporain. Des précurseurs avaient testé le concept. Inaugurant le principe, le trois-cylindres conçu par Stephen Balzer devait équiper une automobile de 1894. L'idée est partagée par Félix Millet qui avait proposé en 1893 un cinq-cylindres pour motocyclette. A l'origine, deux ingénieurs français, deux frères : Louis et Laurent Seguin.

Dans leur atelier de Gennevilliers, cité ouvrière du Nord de Paris, ils concevaient et fabriquaient des moteurs de bateaux. Les frères Seguin s'attaquent au moteur rotatif dès 1907. Ils imaginent un moteur conçu pour l'aviation. L'approche des Frères Seguin se distingue de la pratique consistant jusque-là à emprunter les moteurs à l'industrie automobile, elle aussi naissante, afin de développer un moteur spécifique pour faire voler les avions. Il est impératif de gagner sur la masse.

Ce moteur à explosions comprend un nombre impair de cylindres tournant autour de son vilebrequin qui reste fixe. L'approche en étoile permet de réduire la masse de métal et obtenir un bien meilleur rapport poids-puissance. C'est un critère majeur lorsqu'il s'agit d'entraîner les frêles constructions aériennes de 1910.

L'avion avec fuselage refermé sur l'équipage aux commandes et les passagers verra le jour en novembre 1918 : c'est le Farman 200 Goliath, l'avion commercial de la modernité. Le moteur rotatif sera réservé aux monoplaces de sport, puis aux avions de chasse des pays en guerre. Le bombardement et le transport devront compter sur des moteurs de grande puissance, donc beaucoup de cylindres, disposés en ligne, en V ou en étoiles fixes.

Cette mécanique révolutionnaire est un compromis entre avantages et limitations. La rotation assure le refroidissement, d'où les ailettes entourant les cylindres, élément appréciable car les avions lents ne peuvent compter sur un vent relatif puissant. Les inconvénients, multiples étaient au fond négligeables, vu les circonstances de la guerre. Il faut des avions, beaucoup, vite, et donc s'affranchir des défauts. Le rendement est faible considérant le médiocre contrôle du mélange air-essence. Surtout, la rotation vice du bloc provoque un fort effet de couple, phénomène sensible sur un avion léger. De fait, le fonctionnement se traduit par une fort effet gyroscopique, une force de Coriolis générée par la rotation du bloc. Pour une hélice qui tourne vers la droite, l'avion tend à se cabrer lorsqu'on veut tourner à gauche, ou se met à piquer quand on tourne à droite. Il prend un cap à gauche lors d'une assiette à piquer, ou tourne à droite lorsqu'on cabre.

Les exploits signés Farman : le miracle du moteur Omega

L'impulsion attendue en aviation est la réunion d'un homme, Henri Farman, d'un avion et d'un moteur, le Gnome 7 Omega. Désigné aussi Gnome 50 HP, cette mécanique se présente comme une étoile de sept cylindres. Le refroidissement est assuré par la circulation rapide de l'air autour des cylindres. En s'épargnant un dispositif de refroidissement par eau, le moteur gagne en simplicité et en poids. L'Omega est présenté au Salon de la locomotion aérienne de Paris en décembre 1908. Il s'agit

L'aviateur français Henri Farman et son épouse aux commandes d'un biplan Farman III. Photo US Library of Congress.

du tout premier moteur rotatif d'aviation produit en série. Il développe 50 chevaux à partir d'une cylindrée de huit litres. Une version à deux rangées du même moteur a également été produite, connue sous le nom de Gnome 14 Omega-Omega ou Gnome 100 HP.

Apparaît le *Farman III*, un avion conçu par les frères Voisin. Ce grand biplan est à l'origine doté d'un moteur Vivinus à quatre cylindres en ligne. Le premier vol a lieu en avril 1909. Très vite, son moteur est changé pour un bloc rotatif Gnome Omega, la version à sept cylindres. Cette transformation est décisive. Autre innovation, cette fois sur l'avion lui-même, l'adoption d'ailerons en extrémité d'ailes permettant de maîtriser les trajectoires. La technique s'impose au concept de gauchissement des ailes. Des roues remplace les patins, une idée venue des frères Wright qui en retour reprendront le dessin des ailerons du Farman.

De cet épisode, les Américains conserveront le mot « aileron » pour désigner cette pièce mobile qui donne sa maniabilité à l'appareil. En 1909, propulsé par l'Omega, le *Farman III* établit deux records du monde de distance parcourue : il franchit 180 km en 3 heures 5 minutes à Reims le 27 août 1909 puis 232 km en quatre heures, 17 minutes et 53 secondes à Mourmelon, un exploit accompli le 3 novembre 1909. Ce vol inscrit également un record de durée.

L'avion Farman III au décollage, le moteur rotatif tournant à plein régime. Photo US Library of Congress .

Henri Farman n'en est pas à son premier exploit. Après une tournée aux États-Unis, il avait réussi, le 30 octobre 1908, sur biplan *Voisin*, le « premier vol de ville à ville » de l'aviation, une navigation entre le village de Bouy dans la Marne et le terrain de cavalerie de Reims à 27 kilomètres, distance avalée en vingt minutes. Il remporte également le prix des passagers avec un tour de piste effectué avec deux passagers en 10 min 39 s à 56,304 km/h.

À travers ces chiffres, on note bien que le moteur rotatif fait décoller les performances mais il ouvre aussi à d'autres avancées.

Le 28 mars 1910, sur l'Étang de Berre, Henri Fabre fait décoller un hydravion.

C'est une première mondiale, l'énergie étant fournie par un moteur Oméga fixé derrière l'empennage. Le 10 juillet 1910 à Reims, Léon Morane est le premier pilote à franchir le seuil psychologique des 100

SCIENTIFIC AMERICAN

Vol. XCIX.—No. 21.

NEW YORK, NOVEMBER 21, 1908.

10 CENTS A COPY
$3.00 A YEAR.

Henry Farman making the first cross-country flight that has ever been accomplished with an aeroplane. The 17 miles between the military camp at Chalons and the city of Rheims, France, were covered in about 20 minutes.

A NEW ERA IN AERIAL NAVIGATION.—[See pages 350 and 357.]

La France aéronautique fait écho à la France éternelle, une alliance fusionnelle saluée en 1908 par la presse américaine. Dans l'appareil, dans le ciel de Champagne, Henri Farman réalise la première liaison aérienne de l'histoire entre Reims et le Camps de Chalons.

L'hydravion piloté par Henri Farman. On distingue son moteur Omega en position arrière.

km/h, record brisé avec un Blériot monoplan équipé de ce même moteur. Au bilan, l'Omega inscrit 30 records au premiers palmarès de l'aérien.

Records de vitesse, records de distance

Henri Farman invite à d'autres percées aéronautiques. L'industriel Armand Deperdussin finance son monoplace autour d'un moteur Gnome de sept cylindres, une mécanique donnant 160 chevaux. A l'aérodynamique futuriste, ce petit avion est taillé pour les records. La conception est signée Louis Bechereau, un ingénieur des Arts et Métiers qui, pour cet avion, fait équipe avec George De Feure, artiste, dessinateur et designer.

Devant son appareil propulsé par un moteur rotatif, l'aviateur Henri Fabre.

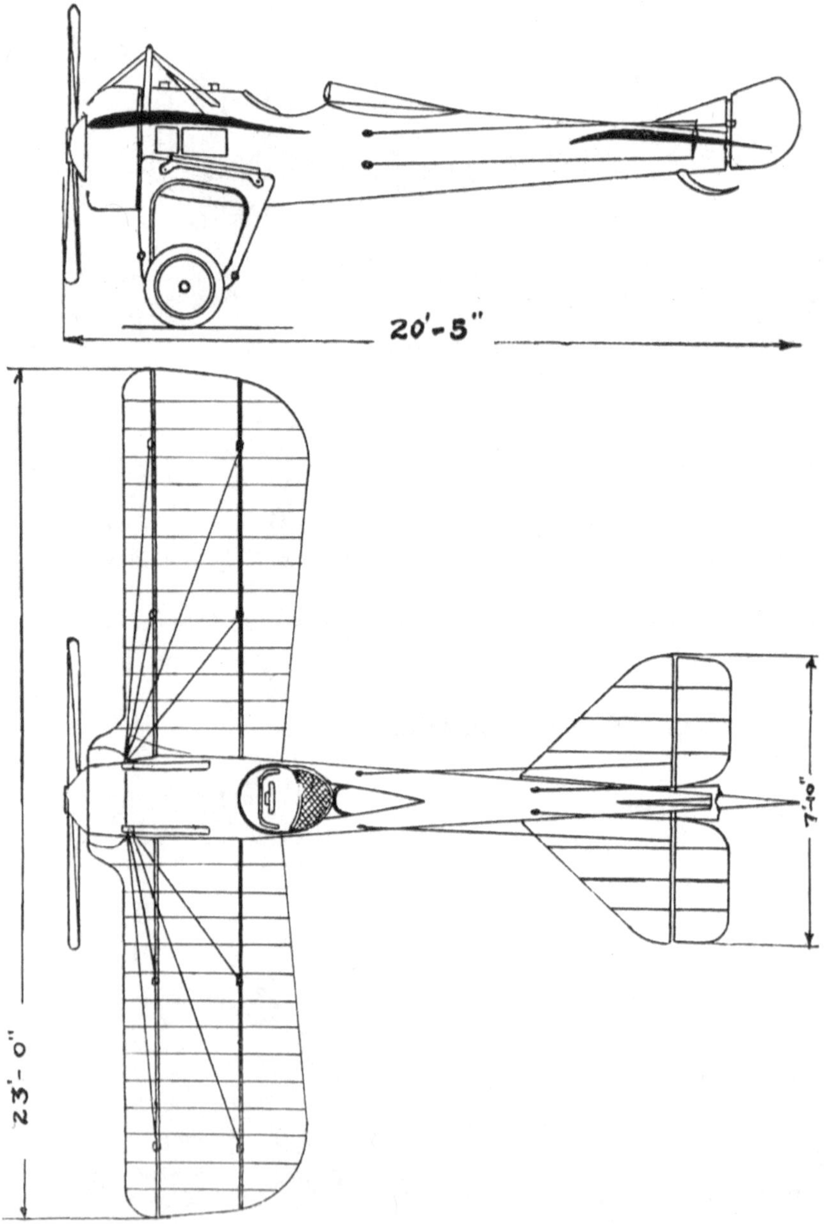

Plan de l'avion Deperdussin, avion à l'aérodynamique très pure propulsé par un moteur rotatif.

Très en avance sur son temps, l'appareil repousse loin les premières limites de l'aéronautique, cela dès l'ouverture de la décennie 1910. Sa conception inscrit une nouvelle page à l'aviation, annonçant celle de la seconde moitié du XXe siècle. Jules Védrines est aux commandes. Poussant son avion au maximum, il décroche la coupe aéronautique Gordon Bennett en 1912, à 174 km/h.

Le trophée est remporté à nouveau le 29 septembre 1913 à Reims à 200 km/h. Le pilote s'appelle Maurice Prévost : il parvint même à voler à 203,85 km/h. Le moteur rotatif français Gnome confirme son rôle majeur dans la première impulsion donnée à une aéronautique qui peut dès lors entrer dans une phase industrielle et apporter une nouvelle révolution, dans un premier temps dans les affaires militaires.

En vol, le monoplace Deperdussin piloté par Maurice Prévot. Avec son moteur Omega, l'avion franchit les 200 km/h.

Entrepreneur Armand Deperdussin est à l'origine de la firme Spad, la Société de production des aéroplanes Deperdussin. Il installe son usine à Reims, site occupé ensuite par la base aérienne 112. L'entreprise qui produira le Spad 7, le meilleur chasseur de la Grande Guerre.

Roland Garros est aviateur. Contrairement à une idée reçue, Roland Garros n'est en rien un joueur de tennis. Sur un avion doté d'un moteur rotatif, il inscrit deux exploits à son carnet de vol. Son ambition : décrocher le record d'altitude.

Le 4 septembre 1911, il est en Bretagne, à Dinard. Il met en route le Gnome de son *Blériot XI* qu'il avait allégé au maximum. A la verticale de Saint Malo, il atteint 3 910 mètres.

Nouvel objectif : la Méditerranée. Le 23 septembre 1913, il se lance de Saint Raphaël. Il est 5 H 47. Il place son avion, un Morane-Saulnier, à 1 500 m d'altitude. Cap sur la Corse, puis cheminement vers le long de la Sardaigne toujours plus au Sud : il se pose à Bizerte en Tunisie. C'est gagné. La méditerranée est franchie sans escale au terme de huit heures de vol.

Le chasseur britannique Gloster Nightjar, appareil propulsé par un moteur rotatif Bentley. Photo Royal Air Force.

Univers de conquête et de liberté, l'aviation suscite un formidable enthousiasme populaire. On compte un million de visiteurs à la Journée aéronautique de Champagne à Reims en août 1909. Le président de la République Armand Fallières est venu avec son épouse ainsi que le président du Conseil Aristide Briand, le général Jean Brun, ministre de la guerre, soutien à l'aéronautique et John French, inspecteur général de l'Armée britannique. Le prince Albert Ier de Belgique est également présent, les États-Unis étant représentés par Henry White, ambassadeur.

Le 28 août 1909, l'américain Glenn Curtiss est l'une des vedettes de la fête en remportant le premier trophée Gordon-Bennett sur une machine de sa conception, le Curtiss-Herring n°1 Reims Racer, à 75,774 km/h. Désormais, l'aéronautique en célébration s'affirme comme un espace de communion.

L'aviation crée du lien social, d'un chef d'État aux jeunes générations qui rêvent de ces nouvelles machines. En un siècle, les chiffres ont bougé : 300 000 visiteurs au Salon de l'aéronautique et de l'espace du Bourget lors de l'édition 2023, 50 000 dans les grands meetings, mais, en 2024, dans les avions de lignes, six milliards de passagers.

L'architecture compacte des monoplaces de combat de 1918 est une perspective pour les marins-aviateurs. Pourquoi ne pas opérer depuis un bâtiment porte-avions ? L'avion terrestre l'emporte en performances sur l'hydravion, lent, lourd, donc vulnérable.

Le commandant Paul Teste devant son Nieuport sur l'avisos Bapaume de la Marine nationale, bâtiment qui devient en 1920 le premier porte-avions français. Au large de Toulon, Paul teste a ouvert la voie à la naissance de l'aviation navale embarquée. Photo Marine Nationale

Le 20 octobre 1920, Paul Teste est aux commandes d'un biplan Hanriot animé par un rotatif Rhône. Teste décolle de Palyvestre et se présente avec son monoplace à la verticale de la rade de Toulon, ayant visuel sur le Béarn dont le pont a été balisé d'une bande blanche pour faciliter le repérage depuis le ciel. L'avion descend, se place au niveau des mâts, effectue son approche, puis s'aligne dans l'axe du bâtiment. Juste avant de toucher, Paul Teste coupe les gaz, se pose et stoppe sa machine en moins de 30 mètres.

Voilà comment s'est produit le premier appontage d'un avion français. L'expérience est renouvelée les semaines suivantes sur un monoplace Sopwith.

La naissance en France d'une industrie nouvelle

Les moteurs qui s'imposent ont pour marque Gnome, Rhône et Clerget. À la suite de la traversée de la Manche, Blériot engrange les commandes de modèles XI.

Fin 1910, l'industriel a déjà vendu 120 *Blériot XI*. Avec un Gnome de 50 chevaux, il vous revient à 21 500 francs, 30 000 francs si vous préférez la version 70 chevaux. Bien conçus, fiables, ils équipent les avions des pionniers de l'aviation, avant d'être produits en très grande série au titre de l'effort de guerre.

Avec la première guerre mondiale, plusieurs dizaines de milliers de moteur sont assemblés pour les avions de chasse. Plusieurs pays les fabriquent sous licence : l'Allemagne, l'Autriche, la Grande-Bretagne, la Russie, la Suède, jusqu'au Japon convaincu par la pertinence de la technologie française dans l'aéronautique.

À l'ouverture des combats en août 1914, les deux sociétés Gnome et Le Rhône mettent en commun leur moyens de production. À cette date, 4 000 moteurs rotatifs ont déjà été construits. Les ingénieurs augmentent les puissances : le Type D, à quatorze cylindres, produit 130 chevaux, et le Type E, de ses 18 cylindres, donne 160 ch.

La société Clerget-Blin était le concurrent le plus sévère des moteurs produits par Gnome et Rhône. Bentley a repris le principe et améliore les moteurs Clerget, ce qui donne les moteurs B.R.1 et B.R.2, ce dernier équipant une dizaine de chasseurs britanniques. En Allemagne, Motorenfabrik Oberursel fabrique également en quantité des copies de Rhône capturés sur les avions abattus du mauvais côté des lignes. Siemens-Halske perfectionne les modèles Oberursel en intégrant un réducteur de vitesse et en faisant tourner l'hélice en sens inverse du moteur, avec l'idée ainsi de réduire l'effet de couple. Les deux sociétés Gnome et Le Rhône fusionnent après la Première Guerre mondiale pour former l'entreprise Gnome et Rhône. Après nationalisation en 1945, l'entreprise devient la Snecma, la Société nationale d'étude et de construction de moteurs d'avions.

Le moteur rotatif reste associé à l'imagerie des premiers chevaliers du ciel. Il entraîne les Nieuport des escadrilles françaises. L'avion est choisi par les volontaires américains de l'escadrille La Fayette. Côté alliés, il équipe les chasseurs Standard E-1 américains, les Avro, les Sopwith, et les Bristol britanniques.

Dans la France en guerre, alignement de monoplaces de chasse Nieuport XI au sein de l'escadrille La Fayette, l'unité des volontaires américains.

C'est aussi le moteur du Triplan Fokker DR1 de l'Allemagne, l'avion de Manfred von Richtofen. Surnommé *Le Baron Rouge,* il sera abattu par le canadien Wilfrid May, le 21 avril 1918, sur monoplace Sopwith Camel, près de Morlancourt, village des Hauts-de-France.

En 1923, la production du Rhône 9Z est arrêté.

Le chasseur Sopwith-Camel, avion de combat britannique équipé du moteur français Gnome et Rhône.

Donnant une puissance de 60 chevaux, c'est le dernier moteur rotatif en fabrication.

À la célébration de ses 20 ans en 1929, Gnome et Rhône, titre entré en bourse en 1922, occupe un rang mondial. Durant toute la guerre 14-18, les usines françaises ont produit 92 500 moteurs (tout autant au Royaume Uni, en Allemagne et aux États-Unis), dont 25% sont des modèles rotatifs.

Les blocs Gnome et Rhône font voler 30 000 avions militaires de 41 types différents, auxquels s'ajoutent, au tableau des références, quinze modèles d'avions civils et neuf hydravions.

Le moteur rotatif français, objet culte de l'épopée aéronautique.

Les moteurs rotatifs Gnome et Rhône rescapés de la Grande Guerre sont devenus des reliques. Ils ont gagné toute leur place dans les grands temples dédiés à la mémoire de l'aviation.

Direction le Bourget, à 10 kilomètres au nord de Paris. Dans la Grande galerie du Musée de l'air et de l'espace, on reconnaît immédiatement le moteur Omega exposé au milieu des avions des années 1910 et de la Grande Guerre qu'il eut à emporter. Forcément, à Melun Villaroche, c'est au musée Safran, le groupe héritier de Snecma et de Gnome & Rhone, que l'on peut observer toute la lignée des moteurs rotatifs à l'origine de l'expansion de l'industrie française des moteurs d'avions. A l'occasion de l'exposition *Le Paris de la Modernité*, évènement culturel du printemps 2024 consacré aux grands artistes de Montparnasse, espace de communion avec les œuvres signées Modigliani, Delaunay, Picasso, Matisse et autre Kees van Dongen, un avion Deperdussin est en majesté. C'est le fruit d'une coopération entre les conservateurs du Petit Palais et l'équipe du Bourget pour accueillir une création des ingénieurs français qui ce jour-là se hisse au rang d'objet culturel.

A Washington, un moteur Omega identique, briqué comme un sou neuf, fait partie de la collection du National Air & Space Museum. C'est l'un des musées les plus visités au monde : les 10 millions de visiteurs qui pénètrent chaque année dans l'immense bâtisse passent aussi devant ce petit moteur « made in France ».

A l'origine de cette présence, un partenariat entre l'aéronautique française et les États-Unis, partenariat ici dans ce registre culturel qui est allé loin, puisque le musée d'aviation national du Smithsonian Institute

Affiche de l'exposition de la locomotion aérienne de 1910, pièce de l'exposition Le Paris de la modernité – 1905-1925 au Petit Palais en 2024.

Au musée de l'aéronautique et de l'espace de Gifu - Kakamigahara près de Nagoya, un moteur Rhône type C. Le Japon s'est tourné dès les années 1910 vers la France pour bâtir son industrie aéronautique. Photo PWG

abrite aussi un *Concorde* aux couleurs d'Air France.

Direction le Japon : 50 km au nord de Nagoya, l'aéronautique de l'empire a rassemblée ses réalisations les plus emblématiques au Musée de l'air et de l'espace de Kakamigahara dans la province de Gifu. Dans la première salle du parcours de visite : un Rhône type C vous accueille, juste à côté d'un Salmson 2A2, avion lui aussi de conception française.

Loin d'être figées telles des reliques de gloires passées, les moteurs rotatifs Gnome ou Rhône produits il y a plus d'un siècle volent encore. Un miracle que l'on doit aux équipes de bénévoles

Au meeting aérien Au temps des Hélices à la Ferté Allais, un Morane-Saulnier type H. Cet avion a été reconstruit par l'Amicale Jean-Baptiste Salis. C'est avec ce type d'avion que Roland Garros effectue la première traversée de la Méditerranée le 13 septembre 1913. Photo PWG

qui ne comptent pas leurs heures pour les maintenir en état de vol. Emportant comme en 1910 des avions *Belle Époque* parfaitement restaurés, ces moteurs sur Blériot ou Morane Saulnier font vibrer le ciel de la Ferté-Alais ; à eux d'ouvrir le ballet aérien annuel organisé en juin par l'équipe Jean Salis.

L'aérien à l'horizon 2050

Les succès internationaux des moteurs français des

Au musée Safran de Melun-Villaroche, un moteur rotatif Gnome, le modèle monosoupape M. Apparu en 1914, il développe une puissance de 200 chevaux et équipe notamment l'avion Deperdussin. Photo PWG.

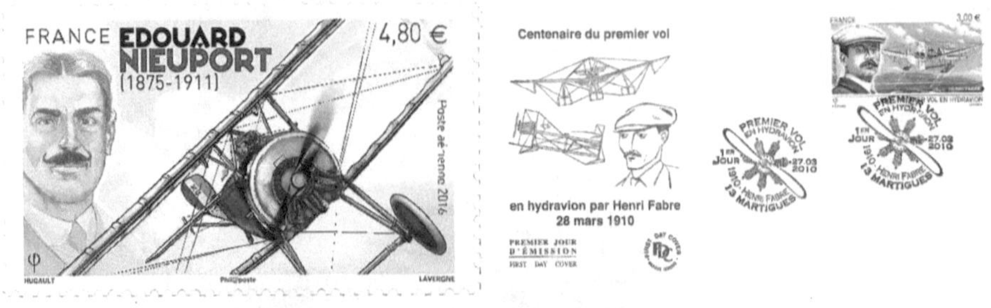

Timbres de La Poste célébrant en 2010 et en 2016 les pionniers de l'aéronautique française avec mise en lumière des moteurs rotatif français Gnome & Rhône.

années 1910 et 1920 sont devenus un modèle d'inspiration pour les femmes et hommes de l'industrie aéronautique française d'aujourd'hui. Aux écoles d'ingénieurs et de techniciens de poursuivre la mission dans le même esprit, celui de l'innovation, avec à la clef des solutions de rupture.

L'histoire n'est pas finie. Après avoir relevé le défi de la sécurité, puis celui de la démocratisation l'aviation doit aujourd'hui relever celui de la décarbonation, tel est le message constamment martelé par Catherine Maunoury, présidente de l'Aéroclub de France. L'objectif de la neutralité carbone est fixé à 2050, l'avion de demain devant rester un service pour le plus grand nombre. L'innovation est le moteur de l'humanité, et naturellement, le progrès des sciences et des techniques le restera demain. Ce principe s'applique intensément dans l'aéronautique.

Ce livre est un encouragement, d'ores et déjà en faisant vivre notre culture scientifique, en s'adressant notamment aux écoles d'ingénieurs et de techniciens qui veulent consacrer une partie active de leur vie à la science, à l'innovation, à la technologie, mais aussi aux associations qui entretiennent les musées volants. Au fond, le moteur à réacteur ne serait-il pas lui aussi un moteur rotatif revisité à l'aune de la technologie de la propulsion à réaction ? L'analogie est immédiate lorsque l'on voit s'animer dans la nacelle la soufflante du réacteur.

Le 29 mai 1945, le général de Gaulle signe le décret de nationalisation des usines Gnome & Rhône. La Snecma est née. L'esprit des pionniers de l'aéronautique s'intègre dès 1945 dans la restauration de l'aviation française. La culture des percées technologiques reste l'ADN de l'aviation française et européenne chez Dassault Aviation, Airbus, Daher, et, nouveau dans le paysage la société Aura Aero.

La décarbonation est une mobilisation de tous. A Toulouse, la cité Airbus, le 4 février 2022, Air France-KLM et le Groupe ADP, Airbus, ATR et Dassault Aviation, Safran motoriste et équipementier, Thales, entreprise très engagées dans l'avionique et dans les technologies du contrôle du trafic aérien, soutiennent la déclaration de la Commission européenne et les États membres représentés fixant à l'aéronautique européenne un objectif de décarbonation du secteur en 2050.

Avion Deperdussin, un appareil de la collection du Musée de l'air et de l'espace du Bourget prêté en 2024 au Petit Palais à l'occasion de l'exposition Le Paris de la Modernité - 1905 - 2025. Au milieu des toiles de Delaunay, de Kees van Dongen, et encore de Picasso, l'aviation est consacrée au milieu des œuvres des plus grands artistes du Paris de Montparnasse. Photo PWG.

En matière de moteurs, la joint-venture CFM entre le motoriste américain General Electric et le français Safran prépare le futur. A son actif, lès progrès obtenus avec l'actuel moteur LEAP de nos Airbus 320 et Boeing 737. Les deux partenaires ont inscrit leur vision dans la durée : le 14 juin 2021, un accord est signé pour prolonger le partenariat jusqu'en 2050.

La même année voit le lancement du projet RISE ou *Revolutionary innovation for sustainable engines*. Rise vise une réduction des émissions de carburant de 20 %, chiffre qui monte à 80% avec du kérosène durable. Au moteur du futur de donner une nouvelle impulsion à l'aérien, tout comme son ancêtre l'avait réalisé en 1909. Ce livre de 1917 nous a donné l'occasion de revenir sur cet objectif d'aviation durable.

Cet héritage est désormais valorisé par une industrie aérospatiale française, l'une des premières au monde, sous l'égide de grandes enseignes et dans son sillage, des centaines de sociétés de taille plus modeste. A charge pour le Groupement des industries françaises aérospatiales, le GIFAS, syndicat professionnel du secteur et à l'Aéroclub de France de valoriser un secteur de haute technologie. La filière représente en France plus de 200 000 emplois directs, 60 milliards d'euros d'activité, et au bilan une contribution majeure à l'activité économique et sociale du pays.

Dans sa préface à l'ouvrage consacré au Musée Safran de Melun-Villaroche, Philippe Petitcolin, alors président directeur général du groupe, a tenu à rappeler ce proverbe chinois : « Oublier ses ancêtres, c'est être un ruisseau sans source, un arbre sans racines ».

Livre d'ingénieur de 1918 parfaitement restauré, *Moteurs rotatifs* trouve maintenant une nouvelle vie, source d'inspiration pour les générations montantes et toute une profession en charge aujourd'hui d'écrire le récit aéronautique des années 2000.

Photo page suivante : **Le moteur rotatif Rhône 9C exposé en majesté dans la grande galerie du Musée de l'air et de l'espace au Bourget. Le moteur rotatif Rhône 9 C est produit en France en grande série par la société Gnome et Rhône à compter de 1911. Au regard de ses performances, ce moteur français se transforme rapidement en succès industriel à l'échelle nationale, puis mondiale : plus de 20 000 moteurs de ce type sont fabriqués entre 1914 et 1918, et des licences sont cédées entre 1911 et 1914 aux industriels allemands dont Mercedes-Benz, à Steyr en Autriche, ou encore à Bristol et Allen Son au Royaume-Uni, mais aussi en Russie, en Suède, et même aux Etats-Unis, chez General Vehicle & Gyro. Dans ses différentes versions, le moteur Rhône 9C équipe de nombreux avions britanniques et français de combat et de reconnaissance durant la première Guerre mondiale. Ayant largement contribué à l'essor de l'aviation au premier temps de l'aviation, le moteur Rhône 9C parvient à installer durablement la réputation de l'aéronautique française à travers le monde. Photo PWG.**

Le moteur
ROTATIF

René VIDALIE
Ingénieur médaillé des Arts et Métiers
Diplômé de l'École supérieure d'Aéronautique.

1918

Avant-Propos

Le moteur rotatif n'est probablement pas le moteur de l'avenir, car il ne peut être créé que pour des puissances moyennes, tandis que les progrès de la navigation aérienne résident dans la conception d'appareils de grande vitesse et de fort tonnage, nécessitant des puissances élevées. Mais il présentera toujours un vif intérêt par sa simplicité d'organes, son encombrement réduit et sa rapidité d'installation.

Au point où en est actuellement l'aviation, il occupe une large place qu'il dispute avantageusement aux moteurs fixes de puissance égale. Tout au moins, il restera le moteur de l'appareil de sport. Ajoutons qu'il est un chef-d'œuvre de mécanique, et à ce point de vue seulement il mérite une étude.

La solution du problème de l'aviation par le vol plané propulsé était connue depuis longtemps, et ce qui en retardait la réalisation pratique était l'absence du moteur à grande puissance massique. Le moteur à vapeur était le seul auquel on put avoir recours : Hiram Maxim avait bien construit une machine de 300 HP pesant 3,5 kg au cheval, mais de laquelle on ne pouvait tirer aucun profit pour les planeurs existants. En 1897, Ader combina un appareil volant avec un moteur de 30 HP, pesant 100 kilogrammes environ, et sa machine démontra qu'on était sur la bonne voie dans le problème du vol. Dès que le moteur à explosion fit son apparition, les frères Wright en construisirent un de 25 HP pesant 3,600 kg au cheval, l'adaptèrent à un planeur depuis longtemps expérimenté et réalisèrent une série de vols.

Le moteur à explosion prit un développement rapide : on allégea à l'extrême le moteur d'automobile à cylindres verticaux, puis vint la disposition en V, par laquelle on doubla le nombre des cylindres pour un même vilebrequin. Pour diminuer l'encombrement en longueur on imagina le moteur en étoile, d'où dériva le moteur en éventail, pour parer aux inconvénients de graissage du précédent. Enfin apparut le rotatif.

La conception de ce moteur a donné lieu à des réalisations excessivement variées et ingénieuses au point de vue cinématique : on a vu le moteur dont le fonctionnement est basé sur le principe du théorème de Lahire, celui à tore, à cylindres oscillants, etc... La plupart de ces systèmes plus ou moins bizarres ont échoué et la pratique n'a laissé subsister qu'un type unique, le système à bielle et manivelle ordinaire.

Nous nous bornerons dans cet ouvrage à l'étude de ce type, le seul employé pratiquement.

Chapitre I

Principes généraux

Comparaison avec le moteur fixe.

Voyons comment on passe d'un moteur à l'autre. Dans le fixe, le vilebrequin tourne autour de l'axe O du carter (fig. 1). Sur son maneton A, est articulée la tête de la bielle AB, reliée en B au piston qui glisse dans le cylindre solidaire du carter. Nous distinguons :

- Un groupe d'organes fixes : carter et cylindre.
- Un groupe d'organes mobiles : vilebrequin animé d'un mouvement de rotation autour de l'axe O, bielle animée d'un mouvement combiné, piston animé d'un mouvement rectiligne alternatif.

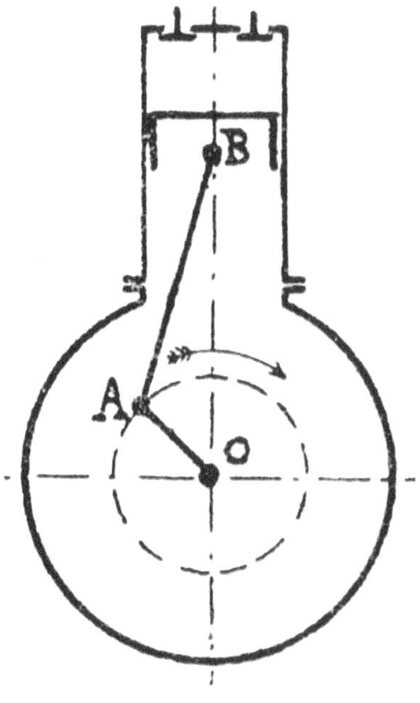

Fig. 1.

Immobilisons le vilebrequin dans la position OA (fig. 2) et laissons tourner carter et cylindre autour de l'axe O. Le mouvement relatif des organes fixes et mobiles est le même que précédemment, mais dans ce cas nous distinguons :

- *Un organe fixe* : le vilebrequin,
- *Un groupe d'organes mobiles* : carter et cylindre animés d'un mouvement de rotation autour

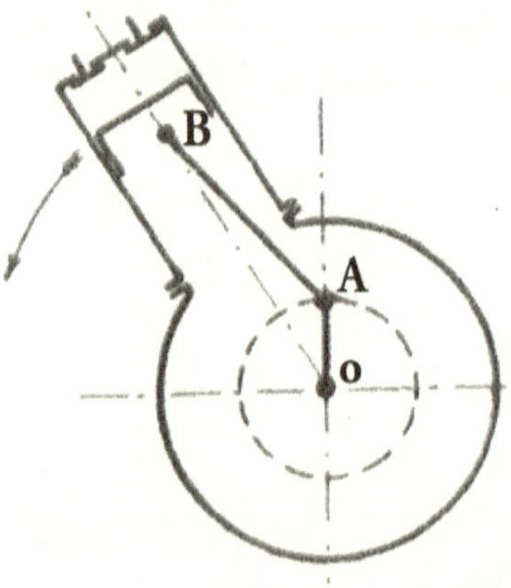

Fig. 2.

de l'axe O, bielle et piston animés d'un mouvement de rotation autour de l'axe A.

Tous les mouvements existants sont des rotations : nous avons réalisé un moteur rotatif.

Deux axes sont donc à distinguer :

1. - L'axe de rotation du carter ou axe du moteur lui-même, coïncidant avec l'axe du vilebrequin.

2. - L'axe de rotation des bielles ou axe du maneton, sur lequel sont articulées les têtes de bielles.

Cette disposition a l'avantage de supprimer tout mouvement alternatif et, par cela même, les effets d'inertie nuisibles, surtout aux grandes vitesses. Par contre, elle donne naissance à des forces centrifuges dont on peut déterminer la valeur avec précision ; et si dans certains cas elle est nuisible, — alors l'équilibrage est facile, — la rotation de la masse principale constitue un volant qui donne au moteur une régularité de marche, achetée sur les moteurs fixes au prix de l'adjonction d'un fort volant,

L'idée de ce moteur est ancienne car nous trouvons, au Conservatoire des Arts et Métiers, un motocycle dans lequel la propulsion est obtenue à l'aide d'un moteur rotatif, moulé sur la roue avant, et dont les cylindres constituent les rayons de cette roue.

L'adaptation du rotatif aux grandes puissances et aux grandes vitesses présentait quelques difficultés à cause des efforts énormes que fait naître la force centrifuge. Le développement de l'industrie métallurgique nous a donné des aciers spéciaux, à haute résistance, qui ont permis la réalisation de pièces à la fois légères et robustes, qualités incompatibles qui s'imposent dans la construction.

Réalisation du cycle à quatre temps.

Tous les rotatifs actuels fonctionnent suivant le cycle à quatre temps :

Admission. — La figure 3 représentant la position initiale, faisons tourner le moteur, dans le sens de la flèche *f* jusqu'à la position

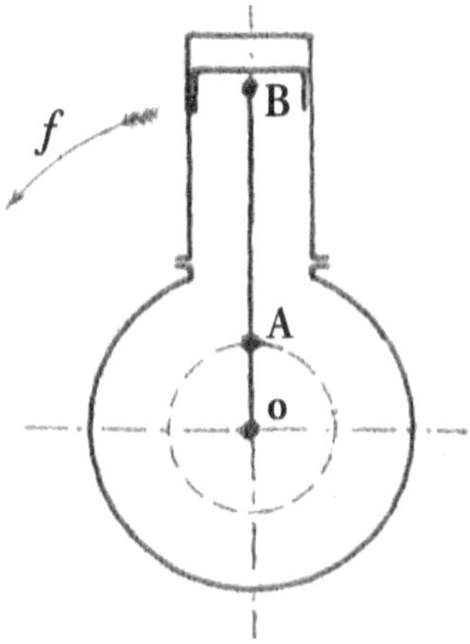

Fig. 3.

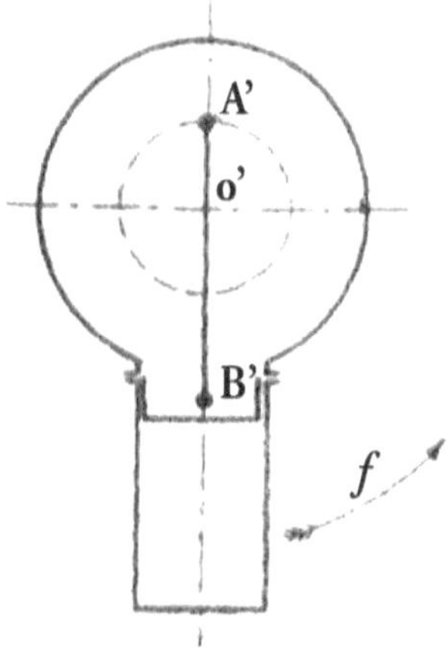

Fig. 4.

indiquée par la figure 4. Le piston est passé du point mort haut au point mort bas, en parcourant, dans le cylindre, une course dont la valeur est :

$$OB - O'B'$$

$$\text{Or, } OB = OA + AB \text{ et } O'B' = A'B' - O'A'$$

$$\text{D'où,} \qquad \text{course} = OA + AB - A'B' + O'A'$$

$$\text{Comme } AB = A'B' \quad \text{et} \quad OA' = O'A',$$

$$\text{Course} = 2.OA$$

et le volume déplacé par le piston, qui s'est empli de gaz frais par une soupape ouverte pendant cette course, est la cylindrée.

Nous avons accompli *le temps d'admission.*

Compression. — En tournant toujours dans le même sens, nous revenons, après un demi-tour, à la position indiquée par la figure 3. Pendant cette phase, les gaz sont comprimés dans la *chambre de compression* : c'est *le temps de compression.*

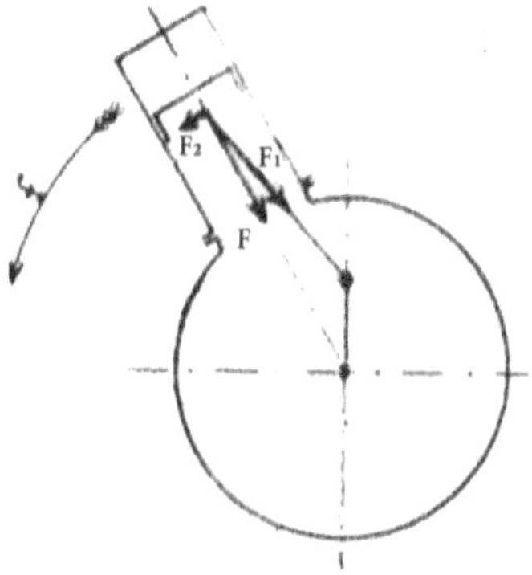

Fig. 5.

Détente. — À la fin de la période de compression, le mélange gazeux comprimé explose sous l'action de l'étincelle ; il donne naissance à une force E, normale au piston (fig. 5), laquelle peut se décomposer en une force F_1 dirigée suivant la bielle et vaincue par la réaction de celle-ci, et une force F_2 , perpendiculaire à la direction de la bielle, et qui engendre la rotation. Nous passons à la position indiquée par la figure 4. C'est le *temps de détente*, temps moteur.

Échappement. — Par l'inertie de la masse, le moteur continue sa rotation et le piston remonte dans le cylindre, provoquant l'évacuation des gaz brûlés par une soupape ouverte pendant cette course : c'est le *temps d'échappement.*

Remarques.

1. - Le cycle s'accomplit en deux tours du moteur et par simple rotation des organes. Mais il est à remarquer que le mouvement relatif du cylindre et du piston est un mouvement rectiligne alternatif, comme dans les moteurs fixes.

2. - Jusqu'à présent, nous n'avons parlé que d'un seul cylindre sur le carter. L'idée se présente à l'esprit de répartir autour du carter, en une étoile régulière, un certain nombre de cylindres, dans un triple but :

a) Pour l'*équilibrage des masses tournantes*
b) Pour la *suppression des points morts.*
c) En vue d'une *multiplication de puissance.*

De ces généralités ressortent de suite les avantages du rotatif :

1. - Poids et encombrement réduits, provenant de la répartition d'un grand nombre de cylindres sur le même carter.
2. - Régularité de marche due à la rotation d'une masse très importante, constituant un fort volant.
3. - Refroidissement automatique du fait de la grande vitesse de rotation, qui permet aux cylindres tournants de se refroidir dans l'air brassé.
4. - Montage et démontage rapides et faciles sur un appareil, accessibilité des divers organes.

Ordre d'allumage et nombre de cylindres.

Supposons *n* cylindres au moteur, répartis en une étoile régulière ; ils font entre eux un angle de $2\pi/n$ (fig. 6).

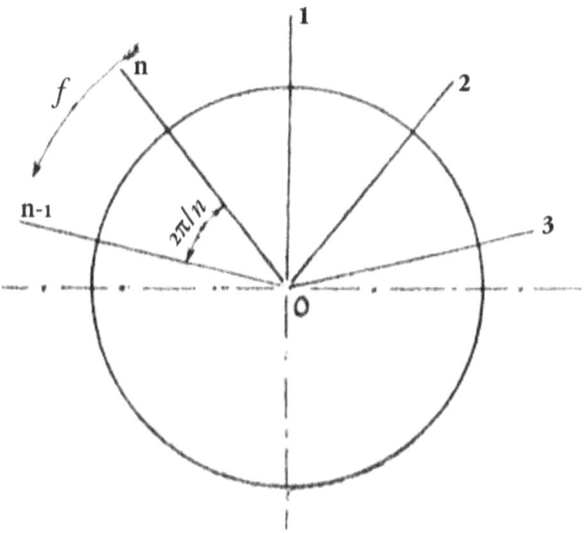

Fig. 6.

En deux tours, chaque cylindre accomplit un cycle complet, et comme ils travaillent simultanément, chacun d'eux aura accompli ce cycle ; et nous aurons, par exemple, n explosions tous les deux tours. Si nous allumons les cylindres de p en p, les intervalles entre les explosions seront de $p.(2\pi / n)$.

Pour deux tours, ou une rotation de 4π, nous avons n allumages qui exigent une rotation de $n.\ p.(2\pi/n)$, et nous aurons :

$$n.\ p.(2\pi/n) = 4\pi$$

Ou, en simplifiant :

$$p = 2$$

Les cylindres allumeront donc de deux en deux, et l'ordre d'allumage sera 1-3-5-7....n.

On a donc une étincelle pour la rotation de $4\pi / n$.

Supposons fig. 7, que le cylindre 1 allume. Après un tour, il reviendra à la même position, mais l'allumage ne devra pas se produire, car le cylindre sera en fin d'échappement. Pour cela, il faut évidemment que 2π ne soit pas multiple de $4\pi / n$. En appelant k un nombre entier quelconque, on devra avoir :

$$2\pi \neq k\,(4\pi / n)$$

ou

$$k. (2 / n) \neq 1$$

Si l'on avait $k (2 / n) = 1$, il faudrait que $k = n / 2$, ou, k étant entier, que n soit pair.

Il faut donc que n soit impair, c'est-à-dire que le nombre des cylindres soit impair.

Nous en concluons que, dans tout rotatif, le nombre des cylindres est impair et l'allumage se produit de deux en deux cylindres.

Étude des temps du cycle

Admission. — Les gaz sont amenés du carburateur, vissé en bout du vilebrequin, dans le carter, par l'intérieur de l'arbre qui est creux. Ils subissent, à l'intérieur, un brassage énergique produit par le mouvement de tous les organes placés dans le carter, donnant ainsi une homogénéité parfaite au mélange et identique pour tous les cylindres. De plus, ils subissent un réchauffage de par la température même du moteur, utile à une bonne carburation.

Les gaz passent ensuite dans la chambre d'explosion par l'intermédiaire de tuyauteries, ou pipes, qui les conduisent à la soupape d'aspiration, quand celle-ci est située sur le cylindre. La soupape peut être

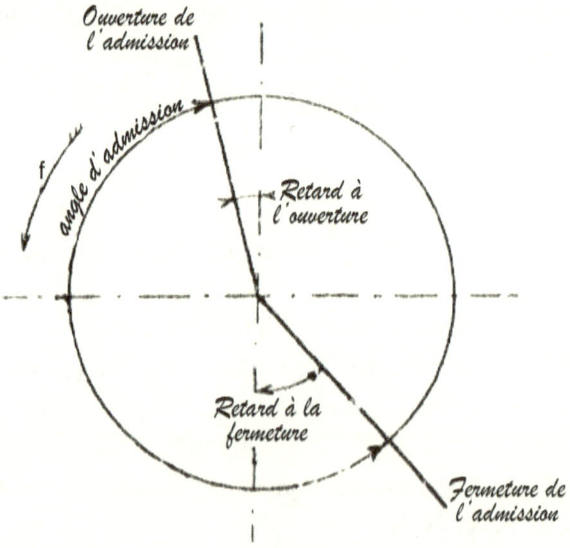

Fig. 8.

automatique et placée alors sur le fond du piston, donnant ainsi passage direct aux gaz entre le carter et le cylindre.

Les rentrées d'air, nuisibles à la carburation, doivent être évitées : les pipes sont munies de joints, et les orifices du carter, que traversent les organes de commande des soupapes, de presse-étoupe.

Comme dans les moteurs fixes, on modifie le temps théorique de l'admission par (fig. 8) :

Le retard à l'ouverture de l'admission. — La succion est ainsi plus forte, les gaz acquérant rapidement une grande vitesse par le passage brusque, au moment de l'ouverture de la soupape, de la pression à l'intérieur du carter, à la dépression produite dans le cylindre.

Le retard à l'ouverture de l'admission. — La soupape est laissée ouverte après le passage au point mort bas, les gaz continuant à pénétrer dans le cylindre par l'inertie de leur masse.

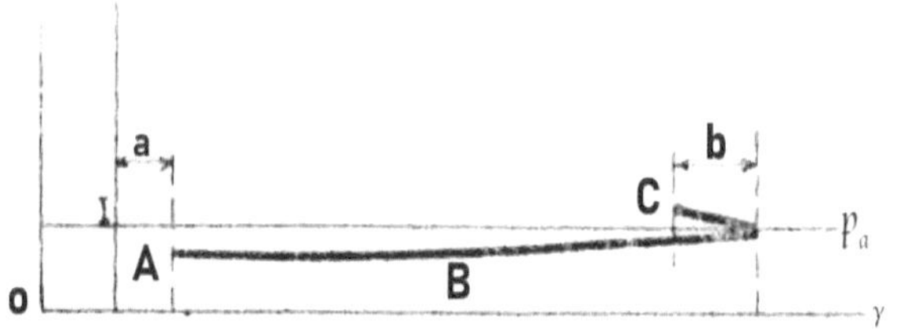

Fig. 9.

Si nous considérons le diagramme (fig. 9), l'admission commence en un point A, pour lequel la pression est inférieure à la pression atmosphérique, et la distance a représente le retard à l'ouverture de l'admission. Elle finit en C, pour lequel la pression est égale à la force d'inertie des gaz, au moment de la fermeture de la soupape ; et la distance *b* représente le retard à la fermeture de l'admission.

Le travail dépensé pendant l'aspiration provient des frottements des pièces mécaniques et des colonnes de gaz dans leurs canalisations, ainsi que de la dépression qui se produit sur la face du piston. Ce travail est très minime et pratiquement nul.

Compression. — La compression a pour but d'augmenter le rendement thermique du moteur. Théoriquement, plus elle est forte, meilleur est le rendement. On est limité par l'auto-allumage, et dans les moteurs à essence, la compression ne doit pas être poussée au-delà de 4,3 ; elle est, en général, de 4 à 4,25 (quoique dans certains moteurs fixes, on est arrivé à de bons résultats avec des compressions atteignant jusqu'à 6 .

La compression a, comme conséquence, une augmentation de pression et de température du gaz. Si elle était isothermique ($pv = C^{te}$), le diagramme nous donnerait, comme courbe, la portion d'hyperbole équilatère CD_2 (fig. 10).

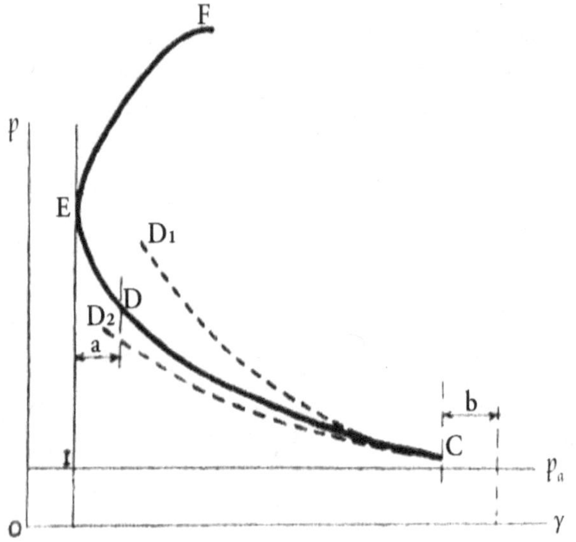

Fig. 10.

Mais ces changements à température constante ne peuvent avoir lieu que pour des vitesses excessivement faibles du piston, la chaleur dégagée par la compression devant être exportée au-dehors, à travers les parois, pour refroidir la masse gazeuse. Dans le cas des moteurs à grande vitesse du piston, l'échange se fait bien, mais il est loin d'être instantané. La transformation est plutôt *adiabatique* ($pv\gamma = C^{te}$), avec $\gamma = 1,28$ à 1,3, c'est-à-dire sans échange de chaleur avec l'extérieur, représentée sur le diagramme par la courbe CD_1.

En réalité, la courbe de compression est CD ; elle finit en D, où se produit l'allumage. La distance *C* représente *l'avance à l'allumage*. Le travail de compression est donc négatif puisqu'il semble s'opposer à la rotation du moteur. Loin d'être une perte, il constitue un gain très appréciable, par l'augmentation de pression dont il est la cause après l'allumage.

L'allumage se produit donc en D et nous verrons, dans un chapitre spécial, l'avantage de cette avance. Il ne constitue pas un temps du cycle : il y a transformation d'énergie latente en énergie disponible. La pression s'élève brusquement de D en F où elle atteint 25 à 30 kilogrammes par centimètre carré.

Détente. — La détente est le *temps moteur.* Les gaz ayant atteint une forte pression, à la suite de l'explosion, chassent le piston pour se détendre. Il y a un fort abaissement de température, et la transformation est voisine de l'adiabatique, de même que pour la compression.

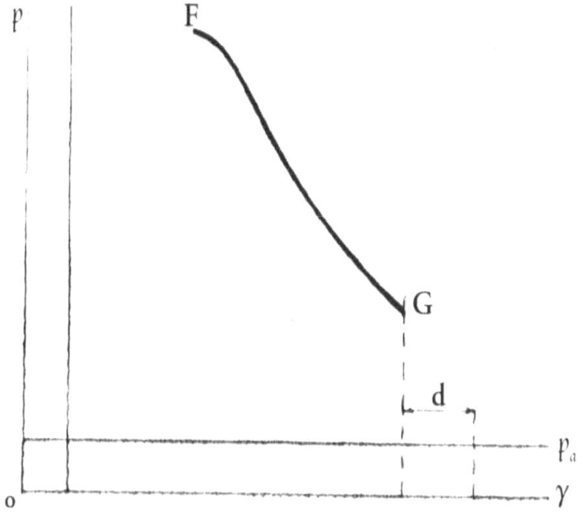

Fig. 11.

Elle est représentée par la courbe EG (fig. 11)($pv\gamma$ = Cte) et γ = 1,5 environ : γ varie le long de la courbe et augmente quand le piston descend dans le cylindre par suite de l'influence des parois. La variation de γ est analogue pendant la compression).

La détente n'est pas poussée à fond, car il faut songer que nous avons maintenant à expulser les gaz brûlés. Elle finit en G.

Échappement. — Il y a intérêt à réduire au minimum le travail d'échappement et à expulser le plus possible de gaz brûlés, car ceux qui restent dans la chambre de compression, au moment où l'admission commence, se mélangent aux gaz frais et en diminuent la richesse. On est conduit naturellement à donner aux soupapes d'échappement une section aussi grande que possible.

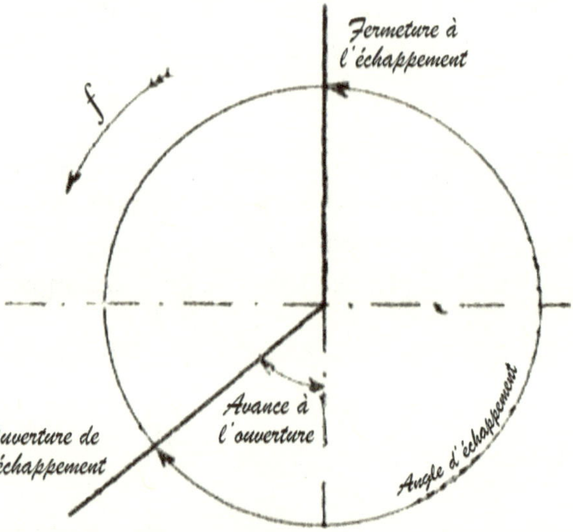

Fig. 12.

Le temps est modifié par *l'avance à l'ouverture de l'échappement* (fig. 12) : la soupape s'ouvre avant le passage au point mort bas et l'expulsion commence, l'écoulement des gaz se produisant par la différence de pression entre l'intérieur et l'extérieur du cylindre, quoique le déplacement du piston les sollicite en sens inverse ; d'où l'avantage à ne pas pousser trop loin la détente.

Après le passage au point mort bas, le piston remonte dans le cylindre et chasse devant lui, sans effort appréciable, les gaz restant à faible pression. La fermeture de l'échappement se fait aux environs du

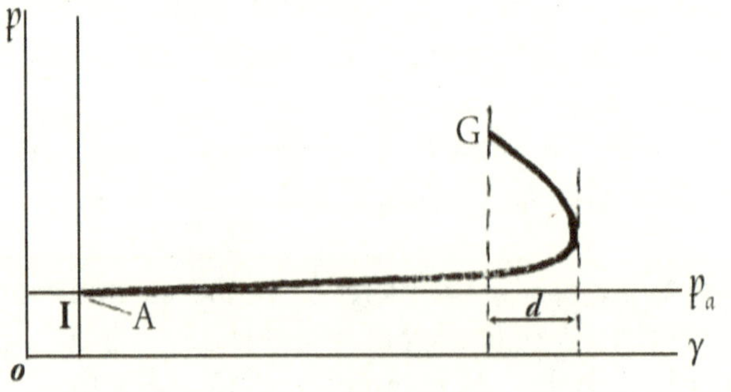

Fig. 13.

point mort haut, jamais avant son passage, mais dans tous les cas avant l'ouverture de l'admission, pour empêcher *les retours au carburateur*.

L'échappement se fait à l'air libre. Il y a quelques difficultés à récupérer complètement les gaz de l'échappement. Cependant, à l'aide de tuyauteries, épanouies dans la zone de l'échappement, on fait des prises de chaleur pour réchauffer l'huile ou le carburateur.

La courbe d'échappement GA ferme le cycle (fig. 13) et la figure 14 nous donne l'aspect des diagrammes théorique et réel.

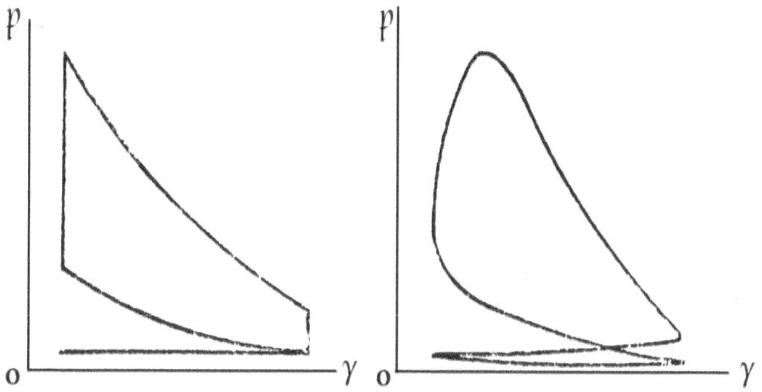

Fig. 14.

REMARQUE. — L'axe du moteur étant en O (fig. 15) on a le choix, pour la fixation du moteur sur un appareil, pour la position du centre fixe A de rotation des bielles. Remarquons que sur la plupart des appareils, un capot recouvre les cylindres, suivant la partie hachurée, pour éviter

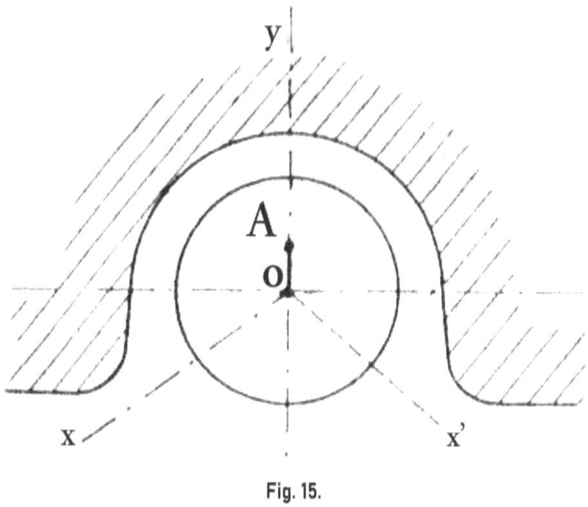

Fig. 15.

les projections d'huile dans la nacelle. Pour ne pas gêner l'expulsion des gaz de l'échappement et éviter leur projection contre les réservoirs placés généralement immédiatement derrière le moteur, on dispose celui-ci avec le centre A sur la verticale du point O, et au-dessus de ce point. De cette façon, l'échappement commençant vers l'axe O*x*, finissant sur O*y*, la plus grande partie des gaz sont évacués dans l'intervalle O*x*, O*x*' et peuvent s'échapper librement.

Cas particulier du cycle à quatre temps

Le moteur monosoupape Gnome présente une particularité dans la réalisation du cycle. Notons d'abord que ce moteur fonctionne avec une seule soupape, celle d'échappement, montée sur le fond du cylindre (fig. 16). L'admission des gaz frais, très riches, est faite automatiquement par les pistons, vers la fin de course. La soupape d'échappement reste ouverte, après le point mort haut, pour faire entrer dans le cylindre l'air frais nécessaire à la carburation parfaite des gaz riches, admis pendant le temps très court où les orifices du cylindre sont découverts par le piston. Pour créer la dépression nécessaire à l'entrée des gaz, la soupape d'échappement ferme un peu avant que les orifices soient découverts.

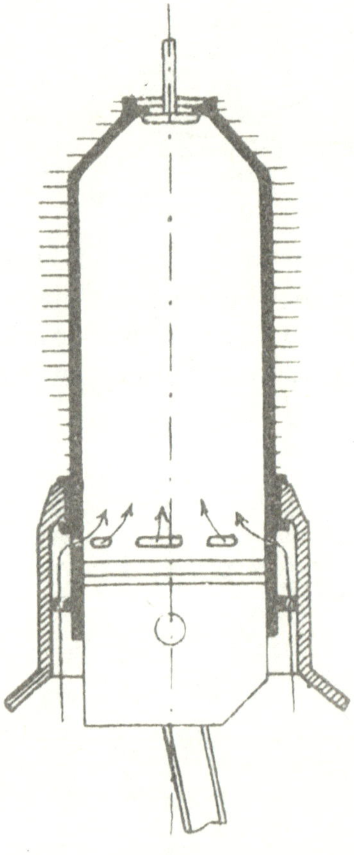

Fig. 16.

Nous observons les phases suivantes (fig. 17) :

1. - **Allumage.** — Au point A, avec 15° d'avance.
2. - **Détente.** — Jusqu'en C.
3. - **Échappement.** — Représenté par l'arc CDEF. L'avance à l'ouverture de l'échappement est de 90°.

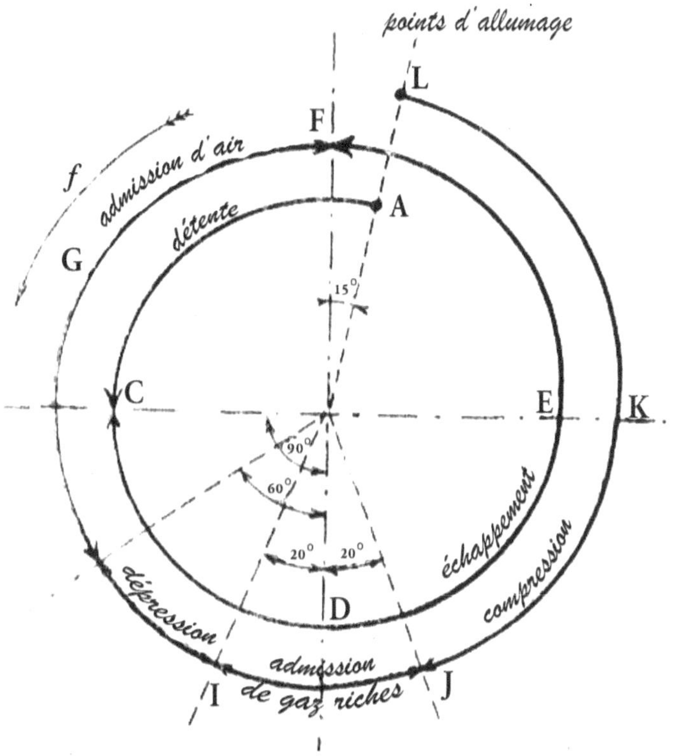

Fig. 17.

4. - **Admission d'air**. — Représentée par l'arc FGH. La soupape d'échappement reste ouverte jusqu'en H, pendant la course descendante du piston, donnant passage à l'air frais aspiré de l'extérieur. Le retard à la fermeture de la soupape d'échappement est 120°

5. - **Dépression** dans le cylindre, suivant l'arc HI. La soupape étant fermée et les orifices du cylindre obturés par le piston, une dépression se produit à l'intérieur de la chambre.

6. - **Admission des gaz riches**. — Au point I, 20° avant le point mort bas, les orifices sont dégagés par le piston pendant un temps correspondant à l'arc I J (J, 20° après le point mort bas). Les gaz riches du carter, aspirés par dépression, pénètrent à l'intérieur de la chambre et constituent, en se mélangeant à l'air précédemment admis, le mélange convenable pour la cylindrée.

7. - Compression. — Les orifices se trouvant de nouveau fermés en J, à la course ascendante du piston, les gaz sont comprimés suivant l'arc JKL, jusqu'en L, où se produit l'allumage.

Tableau des réglages de divers moteurs

Moteurs	Puissance	Nombre de cylindres	Admission		Échappement		Avance à l'allumage
			Retard ouverture	Retard fermeture	Retard ouverture	Retard fermeture	
Gnome	80	7	Automatique sans soupape		64°	5°	26°
Monognome	100	9			90°	120°	15°
Rhône	60	7	18°	35°	45°	5°	26°
-	80	9	»	»	»	»	»
-	110	9	»	»	55°	»	»
Clerget	60	7	P. M.	50°	64°	P. M.	22°
-	80	7	»	»	»	»	»
-	120	9	»	»	»	»	»

Remarque. — Notons qu'il a été établi des moteurs à cylindres désaxés qui semblent présenter les avantages du désaxement. Mais ces moteurs n'ont pas fait leurs preuves et nous ne nous y arrêterons pas.

Chapitre II

Étude cinématique

Soit un moteur rotatif tournant d'une vitesse angulaire constante, ω, autour du point O (fig. 18). L'axe de rotation des bielles est P et l'on a :

$$\text{course} = 2.OP = 2l$$

Considérons un cylindre, son piston, sa bielle. Quand l'axe O*x* du cylindre fait un angle α avec la verticale *zz'*, la bielle PQ fait un angle β

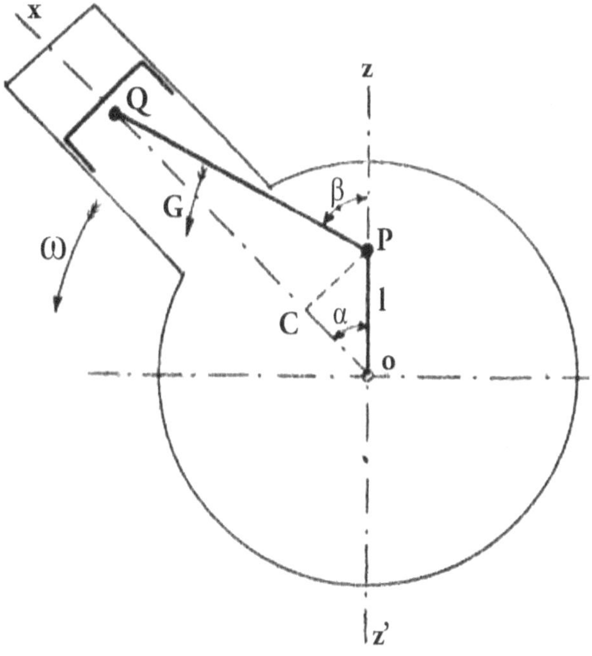

Fig. 18.

avec *zz'* et le triangle OPQ fournit la relation :

$$PQ / \sin\alpha \ = \ OP / \sin(\beta - \alpha)$$

D'où : $\sin(\beta - \alpha) = OP/PQ \sin\alpha$ **(1)**

Le développement nous donne :

$$\sin\beta.\cos\alpha - \sin\alpha.\cos\beta \ = \ (OP / PQ) \sin\alpha$$

Différentions :

$$\sin\beta.\sin\alpha.\,d\alpha + \cos\alpha.\cos\beta.\,d\beta + \sin\alpha.\sin\beta\,.\,d\beta - \cos\beta.\cos\alpha.\,d\alpha$$
$$= \ (OP/PQ)\cos\alpha.\,d\alpha$$

Mettons $d\alpha$ et $d\beta$ en facteur et divisons par dt :

$$d\beta / dt \quad (\cos\alpha.\cos\beta + \sin\alpha.\sin\beta)$$

$$= \ d\alpha / dt \quad ((OP/PQ)\cos\alpha + \sin\beta.\sin\alpha + \cos\beta.\cos\alpha)$$

Or,

$$d\beta / dt \ = \ \Omega, \qquad d\alpha / dt = \varpi$$

et $\cos\alpha.\cos\beta + \sin\alpha.\sin\beta = \cos(\beta - \alpha)$

D'où : $\Omega\,[\cos(\beta - \alpha)] \ = \ \varpi\,[(OP / PQ)\cos\alpha + \cos(\beta - \alpha)]$

Ce qui donne :

$$\Omega \ = \ \varpi\,[((OP.\cos\alpha + PQ.\cos(\beta - \alpha)) / (PQ.\cos(\beta - \alpha))]$$

Posons : $OP = l$ *et* $PQ = a$

Il vient : $\Omega = \varpi.\,[(l.\cos\alpha + a.\cos(\beta - \alpha)) / a.\cos(\beta - \alpha)]$ **(2)**

De P, abaissons PC perpendiculaire sur OQ. Le triangle OCP donne :

$$OC \ = \ l.\cos\alpha, \quad \text{d'où} \quad \cos\alpha = OC / l$$

Le triangle PCQ donne :

$$CQ \ = \ a.\cos(\beta - \alpha), \quad \text{d'où} \quad \cos(\beta - \alpha) = \ CQ / a$$

L'égalité **(1)** devient :

$$\Omega \ = \ \varpi.\,((OC + CQ) / CQ) \ = \ \varpi\,(OQ / CQ)$$

ϖ étant constant, Ω varie comme le rapport OQ / CQ

Courbe des variations de Ω :

Pour $\alpha = 0$, $\beta = 0$, $OQ = a + l$, $CQ = a$

et $\Omega = \varpi ((a + l) / a)$

Pour $\alpha = 180°$, $\beta = 180°$, $OQ = a - l$, $CQ = a$

et $\Omega = \varpi ((a - l) / a)$

On aura $\Omega = \varpi$ pour $OQ/CQ = 1$ ou $OQ = CQ$, ce qui a lieu pour $\alpha = 90°$ et $\alpha = 270°$. La courbe $\Omega = f(\alpha)$ est sinusoïdale. La fligure 19 nous montre les variations.

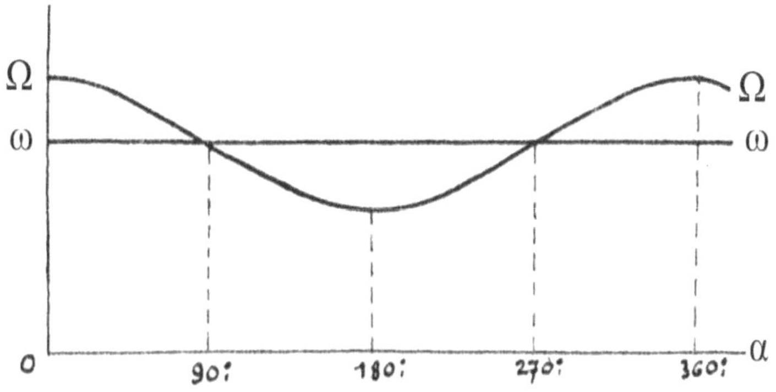

Fig. 19. - Courbe des variations de Ω.

Graphiquement, C est le centre instantané de rotation du piston, ce qui permet de déduire immédiatement :

$$\Omega / \varpi = OQ / CQ$$

ou

$$\Omega = \varpi (OQ / CQ)$$

Accélérations

Considérons la figure 20. L'accélération totale est A, inclinée sur l'axe de la bielle d'un angle γ, tel que :

$$\text{tg}\, \gamma = t / c$$

t étant l'accélération tangentielle $t = d\Omega / dt$

et c étant l'accélération centripète $c = v^2/R$

Accélération tangentielle.

C'est la dérivée seconde de **(1)** par rapport au temps, ou la dérivée première de la vitesse Ω **(2)**.

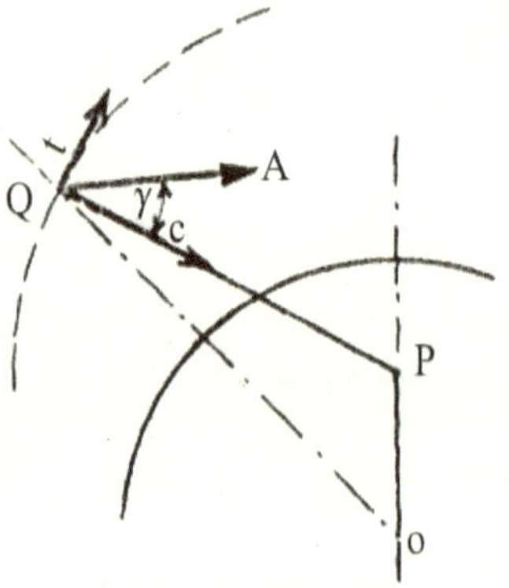

Fig. 20. - Accélérations.

On a trouvé :

$\Omega = \varpi\,(l \cos\alpha + a\cos(\beta-\alpha))\,/\,a\cos(\beta-\alpha)$ **(2)**

$= \varpi\,[(l\cos\alpha)\,/\,(a\cos(\beta-\alpha))]$

La dérivée de Ω est donc la dérivée de $(\varpi l\,/\,a).(\cos\alpha\,/\,\cos(\beta-\alpha))$ puisque la dérivée d'une constante est nulle.

Cherchons donc $d.[\cos(\beta-\alpha)]$.

On a :

$\cos(\beta-\alpha) = \cos\beta\,.\,\cos\alpha) + \sin\beta.\,\sin\alpha$

$d[\cos(\beta-\alpha)] = -\sin\beta.\,\cos\alpha.\,d\beta - \sin\alpha.\,\cos\beta.\,d\alpha + \cos\beta.\,\sin\alpha.\,d\beta + \cos\alpha.\,\sin\beta.\,d\alpha$

$= d\alpha\,(\cos\alpha.\,\sin\beta - \sin\alpha.\,\cos\beta) + d\beta\,(\cos\beta.\,\sin\alpha - \sin\beta.\,\cos\alpha)$

$= d\alpha\,\sin(\beta-\alpha) - d\beta\,\sin(\beta-\alpha)$

On a donc pour $d\Omega$:

$$d\Omega = (\varpi l\,/\,a)\;d[\cos\alpha\,/\,\cos(\beta-\alpha)$$

Après développement on a :

$d\Omega\,/\,dt = [(\varpi\,l)\,/\,(a\cos^2(\beta-\alpha))].[\Omega.\,\cos\alpha.\,\sin(\beta-\alpha) - \varpi.\,\sin\beta]$

Or, on a trouvé :

$$\cos\alpha = OC\,/\,l, \qquad \cos(\beta-\alpha) = CQ\,/\,a$$

$AQ = a\sin\beta$ d'où $\sin\beta = AQ\,/\,a$

$PC = a\sin(\beta-\alpha)$ d'où $\sin(\beta-\alpha) = PC\,/\,a$

$$d\Omega\,/\,dt = (\varpi\,l\,/\,\overline{CQ})\,[\Omega.\,((OC.PC)\,/\,l) - \varpi.\,AQ]$$

C'est la valeur de t.

Pour $\alpha = 0$, $PC = 0$, $AQ = 0$ et $t = 0$

Pour $\alpha = 180°$, $t = 0$

La courbe $t = f(x)$ a une allure sinusoïdale.

On obtient les maximums et les minimums pour les valeurs de α qui annulent la dérivée.

La courbe est représentée (fig. 21).

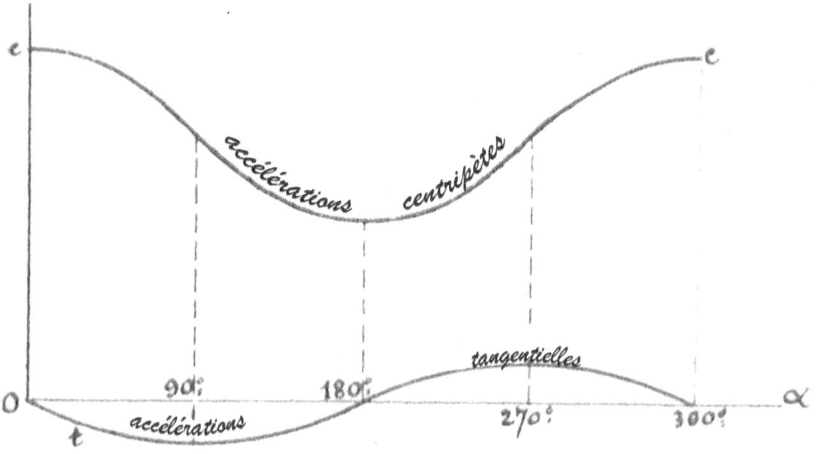

Fig. 21. – Courbe des accélérations.

Accélération centripète

Sa valeur est v^2/R

Or, $\quad v = \Omega.PQ$

$\quad R = PQ$

D'où : $\quad c = v^2/R = \Omega.PQ$

La courbe c = *f (x)* est représentée (fig. 21).

Nous avons calculé les vitesses et accélérations de la bielle. Ces valeurs nous serviront lors du calcul des forces d inertie dans l'étude dynamique. Pour le moment, nous allons continuer le chapitre par l'étude des distributions, qui est du domaine de la cinématique pratique.

La distribution

La distribution est le mécanisme qui permet la réalisation du cycle du moteur. Elle comprend des organes, commandés par la rotation du moteur, qui ont pour effet d'ouvrir et de fermer les soupapes aux moments convenables. Ces organes sont (fig. 22) :

Les cames, pièces en rotation, munies de bossages et commandées directement ou indirectement par le moteur, par l'intermédiaire d'engrenages.

Les galets qui roulent sur les cames en suivant leur contour.

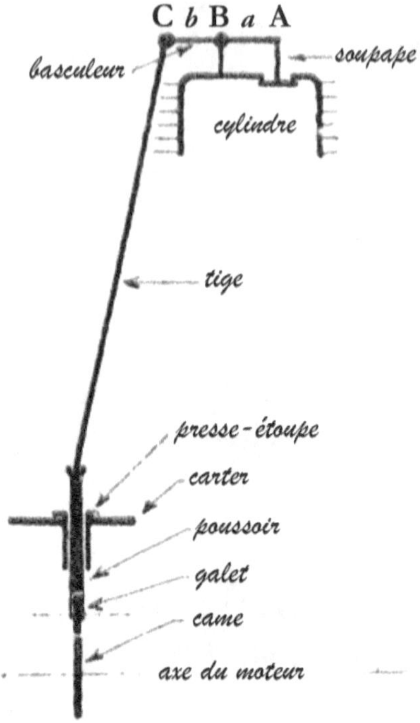

Fig. 22. - Mécanisme de commande des soupapes.

Les poussoirs traversant le carter par un presse-étoupe, et sur lesquels sont moulés les galets.

Les tiges qui transmettent le mouvement extérieurement au carter.

Les basculeurs ou leviers fixés sur le cylindre, l'extrémité d'un bras de levier étant actionnée par la tige, l'autre extrémité commandant la soupape.

Les cames

Les cames se distinguent de par leur fonction, suivant quelles commandent l'admission ou l'échappement. Nous distinguerons dans chaque catégorie :

Les cames multiples. Chacune commandant sa soupape.

La came unique à plusieurs bossages, assurant à elle seule, par une vitesse de rotation appropriée, la commande de toutes les soupapes de même catégorie.

Les cames conjuguées.

Cames multiples

C'est le même cas que dans la généralité des moteurs fixes, mais leur montage est différent et leur vitesse en d'autres rapports.

Il faut que la came soulève sa soupape une fois tous les deux tours du moteur, il en résulte de suite que la came ne peut pas tourner en sens inverse du moteur, ni être fixe.

On peut alors imaginer une came tournant dans le même sens que le moteur et de deux manières différentes :

1. - Plus vite, faisant trois tours quand le moteur en fait deux. Cette disposition entraîne à une grande vitesse de rotation de la came et à des bossages très réduits, qui s'useront donc plus rapidement et seront de contours moins précis, étant plus minimes.

2. - Plus lentement, faisant un tour quand le moteur en fait deux. La vitesse de rotation étant plus faible, l'usure sera diminuée, les dimensions des bossages seront plus grandes et les contours pourront être tracés avec plus de précision.

Calage des cames

Considérons (fig. 23) un moteur de *n* cylindres tournant dans le sens de la flèche *f*, le cylindre 1 avant la soupape d'échappement qui commence à ouvrir en A.

Après une rotation de $4\pi/n$ dans le sens de la flèche, le cylindre 3 sera en A et devra commencer à échapper. Donc, en examinant le bloc des cames, on devra voir, en sens inverse de la rotation, les bossages des cames dans l'ordre 1-3-5... *n*, identique à l'ordre d'allumage des cylindres.

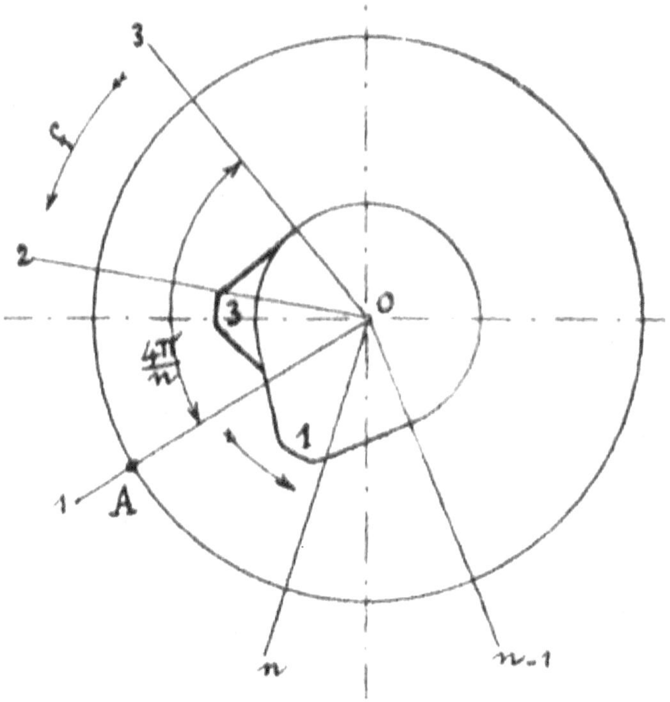

Fig. 23. - Calage des cames.

Commande de la came

Pour une came faisant un tour quand le moteur en fait deux, la commande se fera par train planétaire de raison ½. Voici comment est réalisé le mouvement :

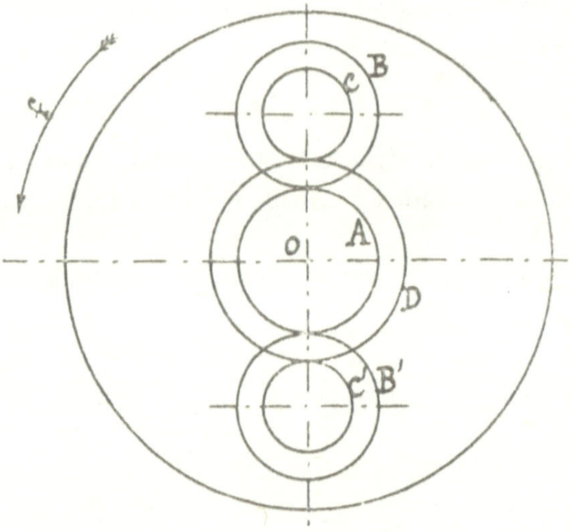

Fig. 24. - Commande des cames.

Un pignon A (fig. 24) est clavelé en bout du vilebrequin fixe. Un pignon B est monté fou sur un axe fixé sur la flasque du nez du moteur, qui tourne avec lui. Ce pignon B est solidaire d'un troisième pignon C, qui engrène avec le pignon D monté fou sur le vilebrequin. D est solidaire d'une douille sur laquelle sont clavetées les cames dans l'ordre examiné plus haut.

Pour l'équilibrage et pour la symétrie dans la répartition des efforts sur le vilebrequin, un groupe (B' C') de deux pignons, identique à (B C), est monté symétriquement, par rapport à O, sur la flasque du nez du moteur.

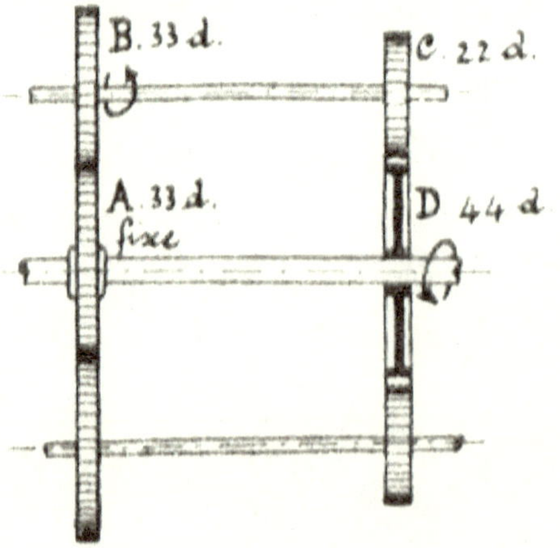

Fig. 24 bis. - Commande Gnome.

C'est le genre de la distribution Gnome. Ce pignon A a 33 dents ; B, 33 également ; C en a 22 et D en a 44, ce qui donne bien pour raison : ½ (fig. 24 bis).

Hauteur du bossage de la came (fig. 22).

Appelons *h* la levée de la soupape. Quand le galet touche le noyau de la came, le levier

ABC est distant de la queue de la soupape d'une quantité *j*, qui est le jeu nécessaire pour permettre les dilatations et éviter les coincements, afin que la soupape ne soit ouverte qu'en temps utile.

Pour l'ouverture, A s'abaissera de $h + j$, C s'élèvera de $(h + j)(b / a)$. D et le galet s'élèveront aussi de $(h + j)(b / a)$.

De sorte que la hauteur du bossage de la came au-dessus du noyau sera de :

$$l = (h + j)(b / a)$$

Tracé de la came

Supposons que l'échappement commence quand le cylindre correspond à l'axe fixe O*x* (fig. 25) et finit quand il correspond à O*y*. L'angle pendant lequel se produit l'échappement est $\angle xOy = \omega$. Les conditions de construction et de montage nous donnent le rayon de base OA de la came. Fixons ensuite le jeu entre les tiges de soupapes et leurs poussoirs, soit *j*, qui se réduit à $j' = j. (b / a)$ entre le galet et le noyau.

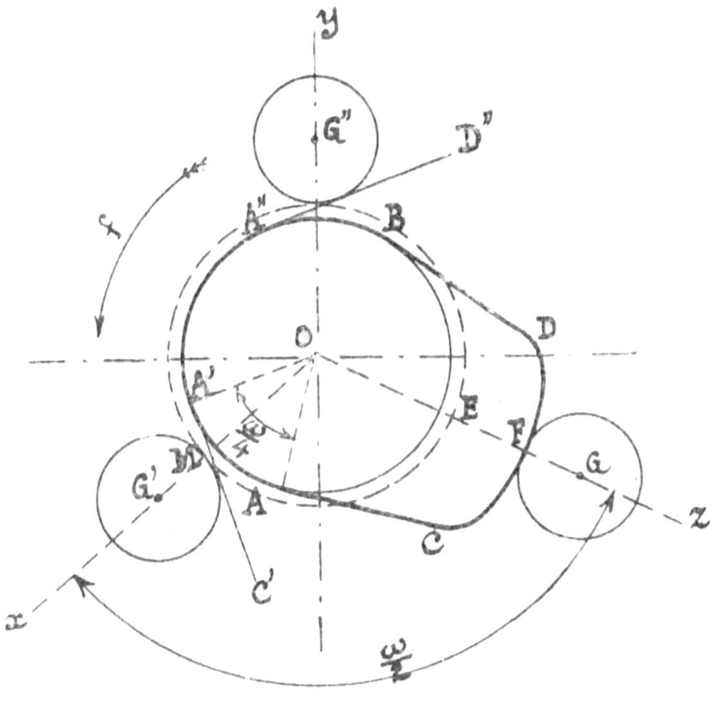

Fig. 25. – Tracé de came.

Traçons la circonférence OM telle que OM = OA + *j*'. Quand le cylindre commence à échapper, le galet G est en G', sur l'axe Ox, le jeu est nul entre la tige de soupape et le levier ; donc G' est tangent en M à la circonférence OM. À ce moment, la rampe d'attaque de la came est en contact avec G'. Traçons la tangente commune A'C' à OA et à G : c'est la *rampe d'attaque* de la came.

Si nous considérons le galet en G'', dans la position de fermeture d'échappement, nous déterminons la rampe A''D'' de sortie de la came, par un raisonnement analogue : c'est la *rampe de sortie*.

Considérons maintenant la position moyenne Oz du cylindre pendant la course d'échappement, c'est-à-dire quand le moteur a tourné de ω/2. La came aura tourné de ω/4 dans le même sens : A'G' sera venu en AC, de façon que ∠A'OA = ω/4. La came aura accompli la moitié de son angle utile, Oz sera son axe. AC étant la rampe d'attaque, BD, symétrique de AC par rapport à Oz, sera la rampe de sortie.

Dans cette position moyenne Oz du cylindre, la soupape sera complètement ouverte et le galet touchera le contour de la came en F tel que :

$$EF = h\,(b\,/\,a)$$

La portion d'arc CD de la circonférence OF, nous limitera le haut du contour que nous raccorderons aux parties droites par des arcs de cercle.

Les cames d'admission se tracent d'une façon en tous points analogue.

Came unique

La came unique possède plusieurs bossages dans le même plan de rotation, d'où il résulte un équilibrage parfait des organes de commande, ce qui n'a pas lieu pour la distribution décrite précédemment.

La commande de la came unique est directe et se fait par engrenage intérieur. Comme dans le cas précédent, nous pouvons concevoir une came tournant plus vite ou plus lentement que le moteur.

1er cas. — C'est la disposition adoptée sur les moteurs Clerget ; les bossages sont réduits, mais la denture du pignon a été étudiée de façon que la forme de la demi coïncide, avec le contour de la came : l'un des pignons étant ainsi déterminé, l'autre s'en déduit par un tracé cinématique.

Le moteur tourne avec l'engrenage intérieur A, autour de l'axe O du vilebrequin (fig. 26). L'extrémité du contre-coude du maneton porte une partie tournée excentriquement, d'axe O'. Un engrenage B, solidaire de la came, tourne autour de O' et engrène avec A qui lui transmet son mouvement.

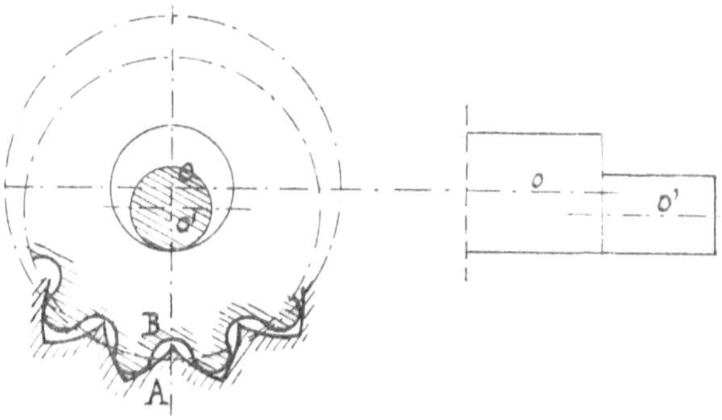

Fig. 26. - Commande Clerget.

2ᵉ cas. — La disposition est inverse : le moteur tourne avec le pignon intérieur qui engrène avec le pignon extérieur, solidaire des cames, monté sur la portée excentrée (disposition « Le Rhône»).

Nombre de bossages. Vitesse de rotation.

Supposons *n* cylindres au moteur, *p* bossages à la came (fig. 27).

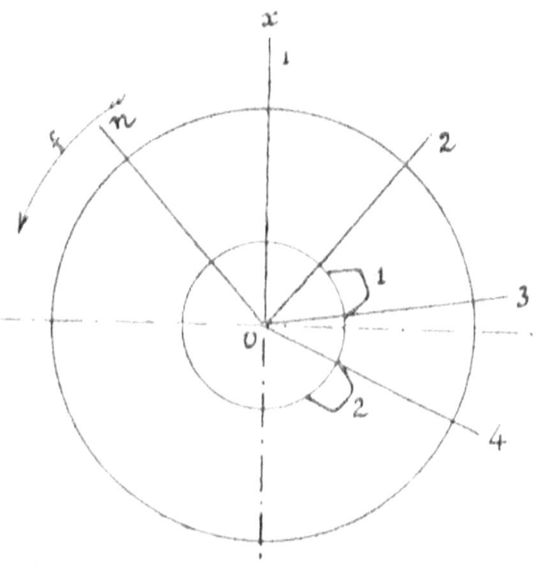

Fig. 27.

Le cylindre 1 est, par exemple, en pleine ouverture sur l'axe Ox. Le moteur tournant dans le sens de la flèche, il faut, lorsque le cylindre 3 sera sur Ox, que le bossage 2 ait pris la place de 1 :

Le moteur aura tourné de $2/n$ de tour. La came aura tourné de $1/p$ de tour. Le rapport des vitesses est donc :

$$(2/n) / (1/p) = 2p / n$$

Ce rapport doit satisfaire à deux conditions :

1. - Qu'il soit voisin de l'unité ($6/7$, $10/9$, etc), afin que les engrenages A et B variant peu par leur nombre de dents, l'excentricité OO' soit faible, ce qui facilite la réalisation de l'extrémité du contre-coude. Il en résulte que le nombre de dents en prise est grand et la fatigue d'autant plus faible, l'effort étant plus réparti.

2. - Il faut $2p/n \neq 1$, suivant le genre de la commande adoptée, à vitesse de la came plus grande ou plus petite que la vitesse du moteur.

On déduit de ces deux remarques le nombre de bossages de la came.

Tracé de la came (fig. 28)

Nous connaissons la levée de la soupape et la course correspondante des galets, d'après les rapports des longueurs des bras des leviers intermédiaires de commande.

Traçons une droite A_1B_1, développement de l'arc $\overset{\frown}{AB}$ de la circonférence quelconque OA (l'angle $\angle AOB = x$. est l'angle d'échappement du moteur, par exemple).

Traçons la courbe A_1, 1_1, 2_1, 3_1,, ..., B_1, dont les ordonnées représentent les hauteurs de levée du galet, en fonction de l'angle de rotation. Reportons cette courbe sur l'arc $\overset{\frown}{AB}$ comme ligne d'abscisses en A, 1, 2, 3, ... B.

Quand le moteur de n cylindres tourne de $\angle AOB = x$, la came tourne de $\alpha.\ n/2p$ et le point a vient en a_1 (sur la circonférence noyau de la came) tel que :

$$\angle aOa_1 = \alpha.\ n/2p$$

A ce moment, c'est la fin de la période d'échappement et le galet est en b_1, sur le rayon OB. Donc, pour la rotation α du moteur, A vient en B, la portion ab de la came vient en a_1 b_1 et le galet parcourt le contour de la came compris entre a_1 et b_1.

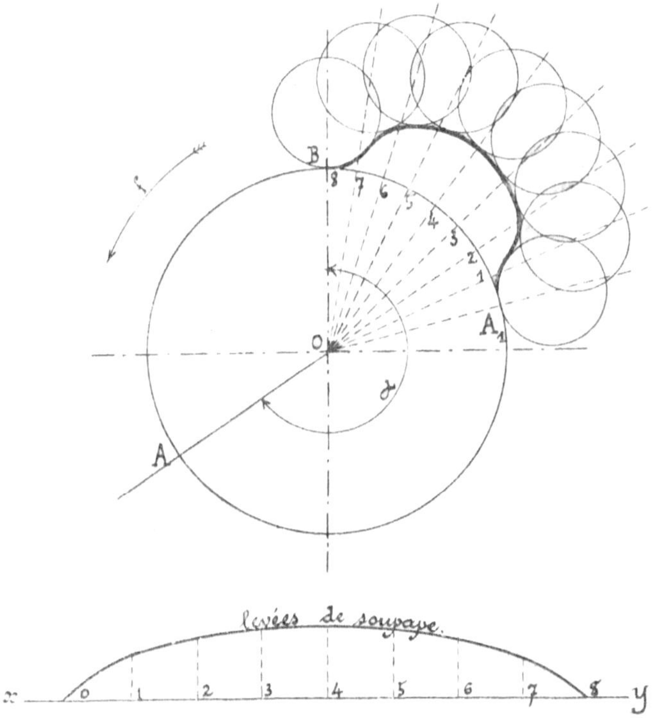

Fig. 28. - Tracé de came.

Divisons $\angle AOB$ en un certain nombre de parties égales, de même que $\angle a_1Ob_1$. Portons sur 01_2, 02_2, 03_2, ... les levées de galet indiquées sur la courbe A, 1, 2, 3,..., B et traçons la position du galet correspondante. L'enveloppe de toutes ces positions nous donne le contour de la came.

S'il y a p bossages à la came, ou répartira p contours identiques à a_1b_1, régulièrement sur la circonférence de base de la came.

Condition à remplir

On a : $\angle AOB = \alpha$

$\angle aOa_1 = \alpha .\ n/2p$

Donc : $\angle a_1Ob_1 = \alpha - (\alpha\ (n/2p)) = \alpha\ (1 - (n/2p))$

S'il y a p bossages qui occupent sur la circonférence Oa un angle égal à :

$$\alpha\ (1 - (n/2p))\ p = (\alpha/2)\ (2p\text{-n})$$

Il faut évidemment que l'on ait :

$$(\alpha/2)\ (2p\text{-n}) \leqq 2\,\pi$$

Dans le cas où $V_{came} > V_{moteur}$, le tracé est identique.

Cames conjuguées

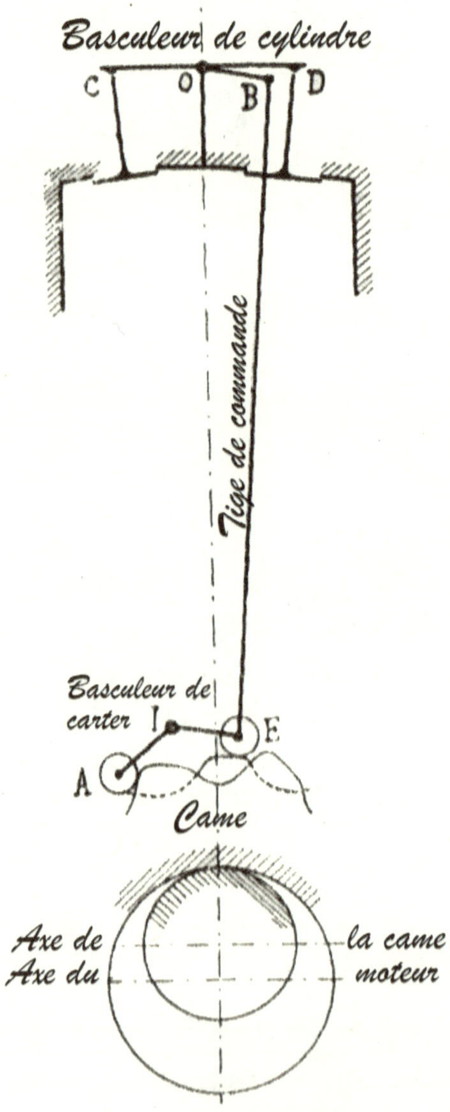

Fig. 29. - Commande des soupapes par cames conjugués

La came conjuguée résulte de l'accouplement de deux cames uniques, l'une d'admission, l'autre d'échappement, convenablement calées l'une par rapport à l'autre. Le nombre de bossages est le même que pour une came ordinaire et la commande est unique.

Le mécanisme de commande des soupapes comprend (fig. 29) un basculeur de cylindre AIE, articulé en I sur le carter, dont un galet A roule sur la came d'admission et un autre E sur la came d'échappement. En E s'articule la tige EB qui commande le levier OB, solidaire du levier CD, oscillant tous deux sur un palier d'axe projeté en O.

CD est le basculeur de cylindre qui commande directement les soupapes.

Dans l'étude d'une pareille distribution, il y a lieu de tenir compte :

1. - Que dans n'importe quelle position, le basculeur de carter doit osciller librement autour du point I, sans coincement, et cela en laissant un certain jeu entre les galets et les cames.

2. - De ce que la force centrifuge et la pression dans le cylindre interviennent dans le réglage du moteur.

Ce système a l'avantage de donner un parfait équilibrage et, en plus, de ne nécessiter qu'un seul bloc de cames, donc une seule commande; et par cylindre un basculeur unique et une seule tige de commande.

Mais il lie d'une manière invariable les diverses phases du cycle entre elles, de sorte qu'on ne peut modifier un temps sans faire varier tout le réglage.

C'est la disposition adoptée sur les moteurs « Le Rhône ».

Chapitre III

Étude dynamique

Dans le chapitre précédent, nous avons étudié les mouvements du piston et de la bielle, calculé vitesses et accélérations. Nous déduisons de là les forces d'inertie.

Forces d'inertie du piston (fig. 30-a)

Le piston est animé de deux mouvements :

1. - **Mouvement de rotation** de vitesse angulaire ω, autour du point O. ω étant constant, le mouvement est uniforme et l'accélération tangentielle $d\omega/dt = 0$, d'où force d'inertie nulle.
2. - **Mouvement de translation** suivant l'axe du cylindre et d'accélération A. Si p est le poids du piston, la force d'inertie est :

$$F = (p/g)\,A$$

dirigée suivant A et en sens inverse.

Forces d'inertie de la bielle (fig 30-b)

Le seul mouvement de la bielle est une rotation, autour du point P, de vitesse angulaire Ω. La force d'inertie sera calculée en considérant l'accélération de son centre de gravité G. L'accélération du point Q étant A, celle de G sera :

$$A' = A\ (PG / PQ)$$

dirigée comme A et appliquée en G. La force d'inertie est :

$$F' = (p' / g) A$$

si p' est le poids de la bielle. F' est appliquée au centre de percussion I, a le même sens que A et une direction opposée.

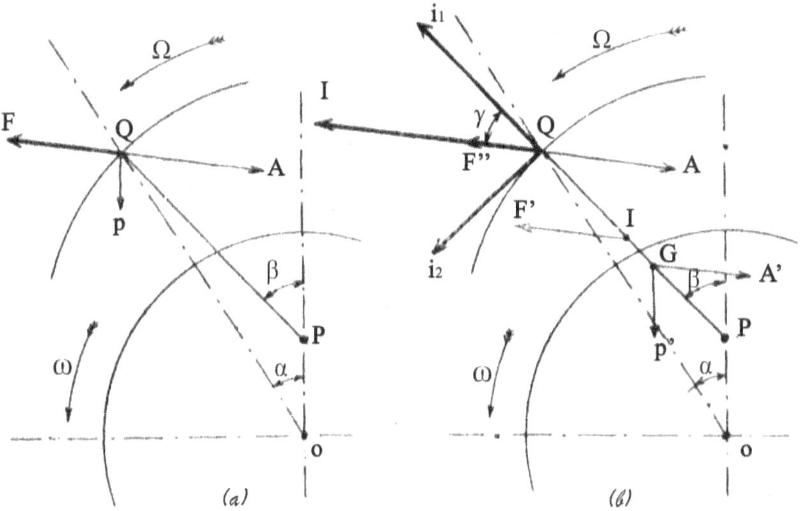

Fig. 30. - Forces d'inertie.

Si nous transportons F' en Q, elle devient :

$$F'' = F' (PI / PQ)$$

Forces d'inertie résultantes (fig. 30-b)

Les deux forces parallèles et concourantes en Q, F et F'' donnent une résultante I qui est la force d'inertie résultante.

Elle est inclinée d'un angle γ sur l'axe de la bielle et se décompose suivant :

i_1, dirigée suivant l'axe de la bielle, provoquant un effort de traction sur celle-ci. $i_1 = f(\alpha)$ est une fonction périodique, de période 2π. La figure 31 nous montre les variations.

i_2 dirigée perpendiculairement à l'axe de la bielle et provoquant une pression sur les parois des cylindres, $i_2 = f(\alpha)$ est aussi une fonction périodique de période 2π, dont les variations sont indiquées figure 31.

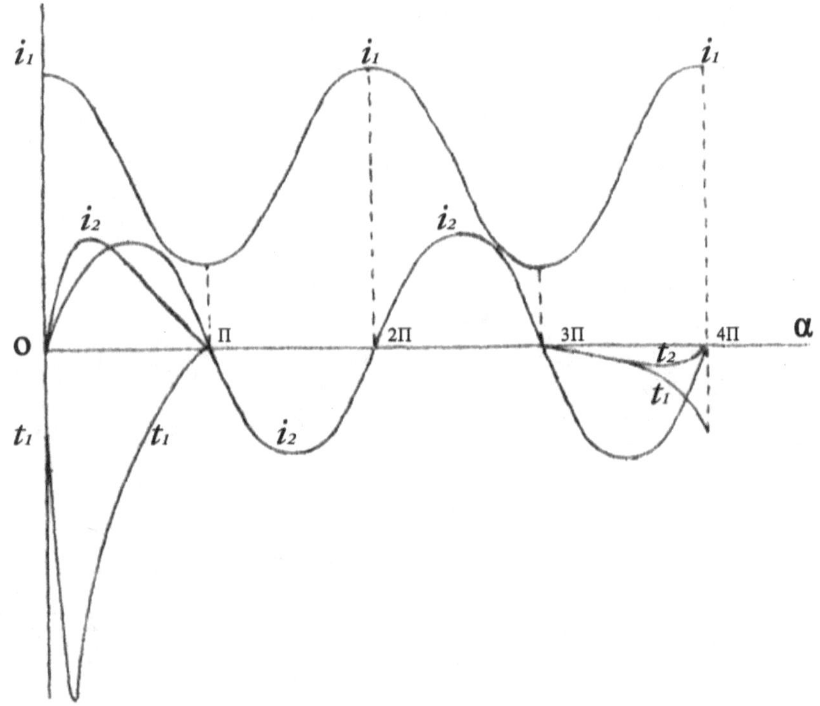

Fig. 31. – Diagrammes des forces d'inertie et des forces dues à l'évolution de la masse gazeuse.

Forces dues à l'évolution de la masse gazeuse

À un instant quelconque existe une pression T dans le cylindre, à laquelle est soumise la face du piston qui la transmet à la bielle, sous forme de compression.

T se décompose en deux forces :

t_1, suivant l'axe de la bielle, produisant la compression de celle-ci.

$$t_1 = T / \cos (\beta - \alpha)$$

La figure 31 donne les variations de t_1 périodiques pour des rotations 4π.

t_2 normale aux parois du cylindre, qui provoque la rotation du moteur.

$$t_2 = T . \text{tg} (\beta - \alpha)$$

dont les valeurs sont indiquées figure 31.

Efforts sur la bielle (fig. 32)

Nous voyons, par ce qui précède, que la bielle est soumise à deux genres d'efforts :

- des efforts de traction, produits par l'inertie, dont les valeurs i_1 sont indiquées fig. 31 ;
- des efforts de compression produits par l'explosion, la détente et la compression, et dont les valeurs t_1, sont indiquées fig. 31.

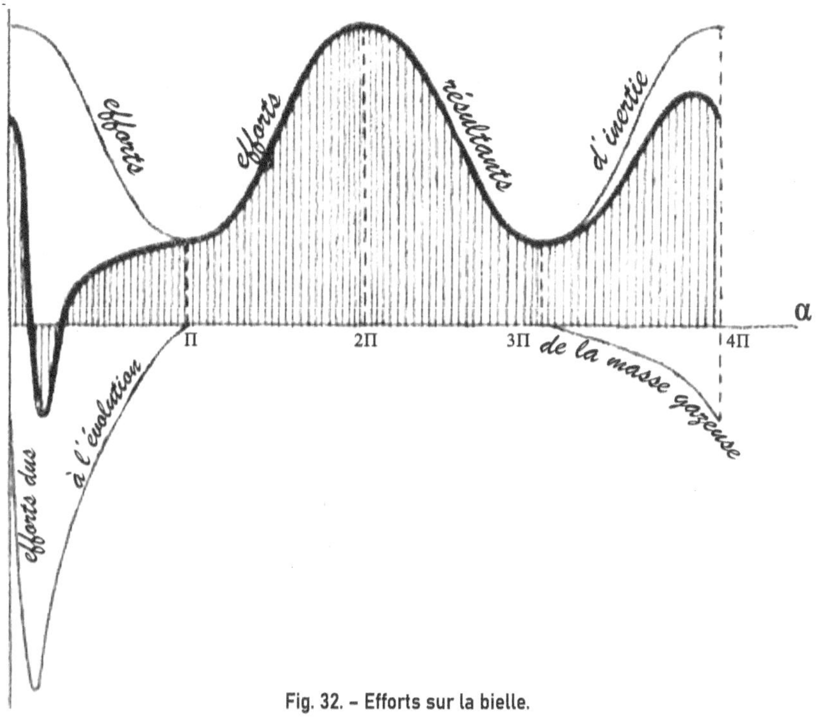

Fig. 32. - Efforts sur la bielle.

En composant ces deux genres d'efforts, nous obtenons le diagramme résultant des efforts sur la bielle. Nous voyons qu'elle est soumise, sauf au moment de l'explosion, à des efforts de traction, ce qui permettra de réduire beaucoup ses dimensions, le flambage n'étant pas à craindre.

Pressions sur les parois des cylindres (fig 33)

Les pressions sur les parois proviennent :

1. - Des composantes i_2, de la force d'inertie résultante I, et dont les valeurs sont indiquées fig. 31.

2. - Des composantes t_2, des forces dues à l'évolution de la masse gazeuse, et dont les valeurs sont indiquées fig. 31.

Le diagramme résultant nous donne les variations des pressions sur les parois, en fonction de l'angle de rotation.

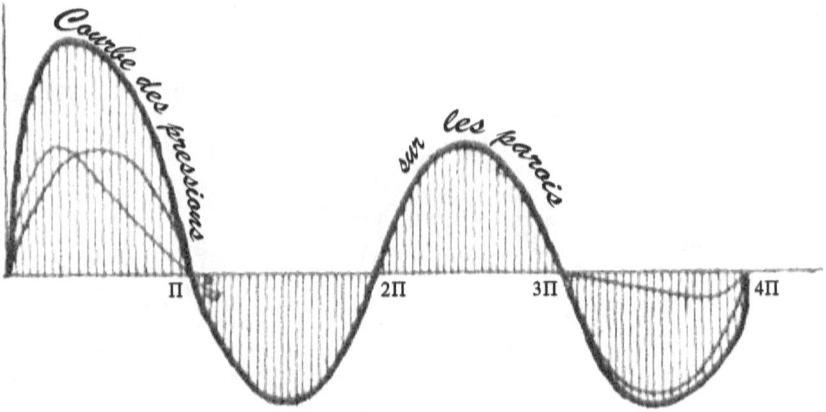

Fig. 33. - Pressions sur les parois des cylindres.

Il est à remarquer que le maximum de pression a lieu en même temps que le maxima de vitesse du piston, ce qui entraîne une usure rapide des parois des cylindres.

Irrégularité cyclique

L'organe qui sert à uniformiser la vitesse d'une machine, dans laquelle les efforts moteurs varient suivant une loi, dans l'intervalle d'un ou plusieurs tours, est le volant.

Plus le volant a d'inertie, plus la régularité de marche est grande, plus le couple moteur est constant. De même, plus le moteur a de cylindres, plus la régularité est grande. Le moteur rotatif réalise, sans adjonction d'organe supplémentaire, le volant à grande inertie, par la rotation de sa masse principale ; et sa régularité cyclique est encore augmentée par le grand nombre de cylindres.

Supposons tracé (fig. 34) le diagramme du moment moteur, pour un moteur quelconque et une rotation de 4π. Sa surface représente le travail moteur $\mathcal{T}_m$. Ce travail fait équilibre au travail utile $\mathcal{T}_u$ (traction d'une hélice, par exemple), qui peut être considéré comme constant.

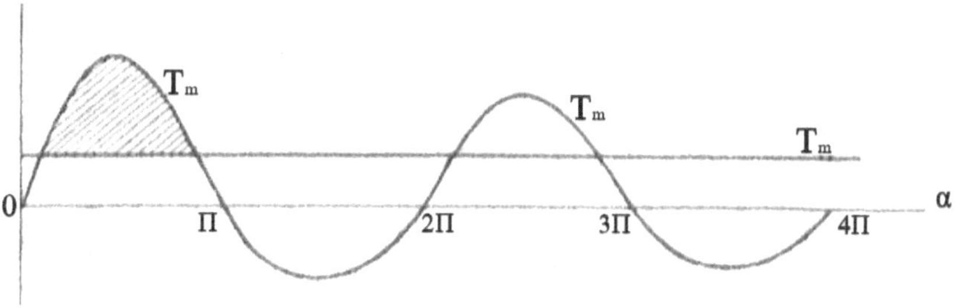

Fig. 34. - Couple moteur.

L'irrégularité du couple moteur fournissant tantôt un excès d'énergie, tantôt une insuffisance, il faut que le volant emmagasine l'énergie supplémentaire au moment de l'excès, pour la restituer au moment de l'insuffisance. La partie hachurée nous montre le maximum de l'écart $\mathcal{T}_m - \mathcal{T}_u$ et l'irrégularité cyclique a pour valeur :

$$\mathcal{T}_m - \mathcal{T}_u \ / \ I\omega^2$$

I étant le moment d'inertie de la masse tournante qui s'exprime par $\Sigma m\rho^2$.

Pour un 7 cylindres, l'irrégularité cyclique est environ $1/1200$. Pour un 9 cylindres, $1/2500$. Ce qui montre la grande constance du couple moteur dans les rotatifs.

Efforts que fait naître la rotation

1. - Couple de renversement. — Considérons un moteur de puissance P, monté sur un châssis. Il tourne sous l'impulsion du couple moteur C, tel que :

$$P = C\omega$$

si ω est la vitesse angulaire de rotation.

En vertu du principe de l'égalité de l'action et de la réaction, ce couple C est équilibré par un couple antagoniste R, qui tend à faire tourner le châssis en sens inverse de la rotation du moteur :

$$C = -R$$

Pour un moteur fixe, ce couple R est absorbé par la réaction du socle et des fondations. Mais pour un moteur monté sur un véhicule, il doit être absorbé d'une autre manière. C'est ainsi, par exemple, que l'essieu arrière d'une voiture automobile, possédant un couple moteur C, a son carter soustrait au couple de renversement par des jambes de force prenant attache sur le châssis, lequel transmet ce couple au sol qui le vainc par réaction.

Dans un aéroplane, prenant appui sur l'air, le couple ne peut être équilibré que par une force F qui fournit un couple égal et opposé au couple moteur.

Calculons F

De $P = C\omega$,

on tire $C = P / \omega$

Or. $\omega = \pi n / 30$

D'où : $C = (P \times 75 \times 30) / \pi n$

La force F sera telle que :

$$Fl = C = (P \times 75 \times 30) / \pi n$$

l étant le bras de levier de F.

D'où : $F = (P \times 75 \times 30) / \pi l n$

Cette force F peut être engendrée de plusieurs manières :

a) Par l'action d'un contrepoids fixé sur l'aile droite (le moteur tournant à droite, vu du siège du pilote). Cette disposition a l'inconvénient de donner un poids mort supplémentaire à l'appareil.

b) Par l'augmentation de surface portante à gauche de l'axe de roulis.

c) Par l'augmentation d'incidence de la cellule, à gauche de l'axe de roulis.

Remarquons que, si on coupe le moteur, le couple de renversement cesse et la force correctrice existant toujours, l'appareil tend à pencher à droite : le virage à droite est de ce fait facilité, tandis que le virage à gauche devient plus difficile.

Dans les appareils bimoteurs existants, les axes des moteurs sont placés symétriquement par rapport à l'axe de l'appareil et les moteurs tournent dans le même sens. Il en résulte que les deux couples de renversement qui prennent naissance, étant parallèles et de même sens, s'ajoutent. Si l'un des moteurs s'arrête, le pilote devra manœuvrer son gouvernail pour empêcher le virage, de sorte que l'appareil avancera suivant une trajectoire qui ne contiendra pas son axe longitudinal.

Il y aurait intérêt a ce que les moteurs tournent en sens contraire de façon que les couples de renversement s'annulent.

2. - Couple résultant des forces d'inertie tangentielles. — Nous pouvons assimiler un moteur rotatif à un solide de révolution : s'il y a *n* cylindres, nous pouvons diviser sa masse en *n* parties, limitées par des plans passant par l'axe de rotation et bissecteurs de l'angle de deux cylindres consécutifs. Chaque partie fait naître, par la rotation, une force centrifuge et les *n* forces développées se font équilibre.

Les forces tangentielles d'inertie de chaque partie forment un couple d'inertie résultant, dont l'axe coïncide avec l'axe de la rotation : il est nul si la rotation est uniforme, et ne dépend que de l'accélération angulaire, non de la vitesse de rotation.

3. - Effets gyroscopiques. — Les effets gyroscopiques résultent de la rotation très rapide d'un corps solide, et se produisent lorsqu'on change ou qu'on tend à changer la direction de l'axe de rotation.

On comprend dés lors que, pour un moteur rotatif à grande masse tournante, monté sur un appareil aérien sans cesse sollicité à changer de direction, les effets gyroscopiques se manifestent d'une manière presque continue.

Nous allons signaler leurs effets dans une giration, un tangage et un roulis de l'appareil, d'après ce qu'indiquent les calculs.

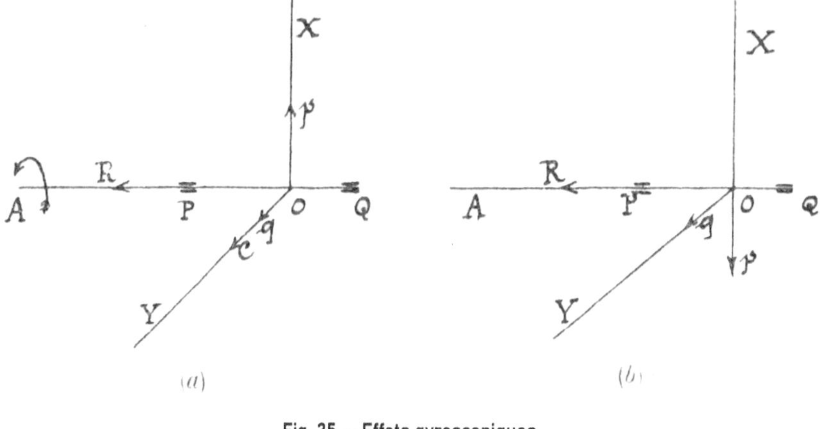

Fig. 35. - Effets gyroscopiques.

Soient OA l'axe du moteur, OR l'axe de la rotation, P et Q deux paliers. Soient OX et OY deux axes rectangulaires perpendiculaires à OA.

Dans un mouvement de giration (fig. 35-a), l'axe de la rotation est *p*, parallèle à OX. L'axe du couple C, dû aux forces centrifuges composées est dirigé suivant OY et le mouvement parasite qui tend à se produire est une rotation *q*, qui fait piquer l'appareil.

Dans un mouvement de tangage (fig. 35-b) d'axe *q*, parallèle à OY, l'axe du couple C, des forces centrifuges composées, est dirigé parallèlement à OX et en sens inverse. Le mouvement parasite est une rotation *p* qui fait virer l'appareil.

Dans un mouvement de roulis autour d'un axe parallèle à OC, les axes de rotation étant parallèles, le couple des forces centrifuges composées est nul et ses effets également nuls.

Pratiquement, le virage n'est jamais assez court pour que la réaction, tendant à la montée ou à la descente, se fasse fortement sentir. La principale manifestation de l'action gyroscopique consiste surtout dans le cisaillement des boulons de fixation du moyeu d'hélice, lorsqu'on effectue un changement brusque de trajectoire.

On peut équilibrer dans une certaine mesure l'effet gyroscopique en faisant tourner l'hélice en sens inverse du moteur, l'annuler même avec deux moteurs tournant en sens inverse.

Perte de puissance due à la rotation

La rotation du moteur donne lieu, de la part de l'air, à une résistance qui le freine et diminue sa puissance de 10% environ. Il ne faut pas voir là, cependant, une infériorité du rotatif, car cette rotation provoque une ventilation énergique suffisante pour le refroidissement. Ce refroidissement est obtenu, sur les moteurs fixes, au prix de l'adjonction d'un ventilateur, dans le cas du refroidissement par l'air, qui absorbe une certaine puissance, ou au prix de l'augmentation de la masse puissancique, dans le cas du refroidissement par l'eau (radiateurs, pompe, tuyauteries, eau, etc..,).

Résistance à l'avancement

Le moteur en rotation présente, à l'avancement, une résistance égale à celle d'une plaque circulaire de diamètre égal au diamètre d'encombrement du moteur. Qu'il soit placé à l'avant ou à l'arrière de la nacelle, il donne à l'appareil une très mauvaise forme de pénétration. Si V est la vitesse en mètres par seconde, de l'appareil, D le diamètre d'encombrement du moteur, la résistance à l'avancement sera :

$$R = k\,(\pi D^2 / 4)\,V^2$$

où $$k = 0{,}08$$

Cette résistance est considérablement diminuée par le *capotage* du moteur, établi de façon que l'ensemble de l'appareil constitue un esquif de bonne pénétration.

Chapitre IV

L'Allumage

Généralités

L'allumage a pour but l'inflammation des gaz préalablement comprimés dans la chambre d'explosion, afin d'y produire une brusque élévation de pression qui chasse violemment le piston.

Avec une compression suffisamment élevée, l'allumage se produirait automatiquement, dés que la température du mélange comprimé aurait atteint le point d'inflammabilité : c'est le principe du moteur à combustion interne, encore non conçu dans la catégorie des moteurs légers. Il nous faut donc avoir recours à un procédé d'allumage indépendant, celui par magnéto à haute tension, actuellement le meilleur.

En vue d'un rendement thermodynamique maximum, il nous faut un mélange homogène, bien titré, de façon à obtenir une combustion *aussi rapide que possible*, et le problème présente une importance particulière avec les moteurs à grande vitesse.

Pour un moteur tournant à 1200 tours-minute, par exemple, la durée d'une course est :

$$60'' / (1200 \times 2) = 0{,}025 \text{ seconde.}$$

et dans ce temps extrêmement court, doivent s'effectuer l'allumage, l'explosion et la détente. On comprend, dès lors, l'importance de la rapidité de la combustion et, par suite, celle de la précision du point d'allumage.

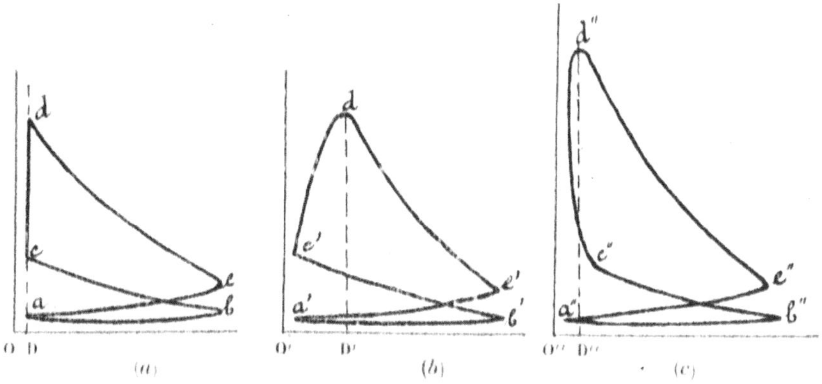

Fig. 36. — Diagramme avec :
a) allumage théorique ; b) allumage au point mort ; c) avance à l'allumage.

Si nous comparons les diagrammes représentant les cycles théorique et réel, nous remarquons que (fig. 36) :

1. - Dans le cycle théorique, l'explosion est instantanée, donc à volume constant et la pression passe de *c* en *d* sur la même ordonnée (fig. *a*).

2. - Dans le cycle réel, en faisant jaillir l'étincelle au point mort haut, la pression maxima n'est atteinte qu'après une certaine fraction de la course du piston (fig. *b*). Il en résulte une perte de travail provenant d'abord de la perte de pression (D*d*> D'*d* '), et ensuite de ce que la pression maxima ne s'exerce pas depuis le début de la course du piston.

Avec une compression déterminée et un système d'allumage donné, nous ne pouvons pas diminuer la durée de l'explosion, mais nous pouvons récupérer une partie du travail perdu par l'avance de l'allumage.

Nous faisons jaillir l'étincelle avant que le piston soit au haut de sa course, et de façon que la pression soit maximum quand il est exactement au point mort haut.

Nous avons ainsi (fig. *c*) la pression maximum D"*d*" qu'il est possible d'atteindre et elle s'exerce sur le piston dès le début de sa course.

On remarquera de suite que pour des compressions égales, l'avance à l'allumage devra être d'autant plus grande que le moteur tournera plus vite, mais il faudra d'autant moins d'avance que la compression sera plus forte.

Réalisation du circuit électrique dans un rotatif (fig. 37).

Le courant secondaire à haute tension est fourni par une magnéto donnant 2 étincelles par tour. Il est amené de la borne du secondaire au *porte-charbon*, monté sur le plateau support du moteur, par l'intermédiaire d'une *fiche* amovible, parfaitement isolée dans sa gaine.

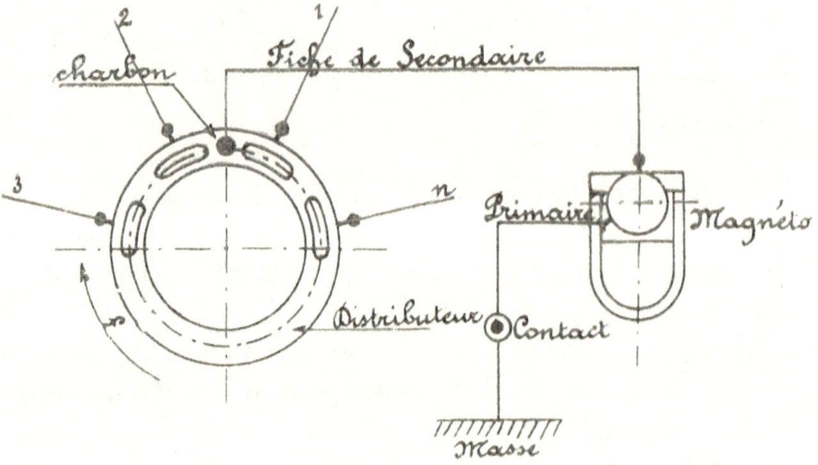

Fig. 37. - Circuit électrique.

Dans le *porte-charbon* est logé un charbon qui, sous l'action d'un ressort, frotte sans exagération sur un *distributeur* constitué par un disque isolant, tournant avec le carter et portant des plots conducteurs, en nombre égal à celui des cylindres. Chaque plot correspond à une bougie et la liaison électrique a lieu par un fil de laiton.

Porte-charbon (fig. 38)

Le porte-charbon est constitué par une pièce métallique centrale A, portant à une extrémité une boule pour l'attache de la fiche ; l'autre extrémité a un logement où entre à frottement doux le charbon B, sollicité par le ressort K, à prendre appui sur le distributeur.

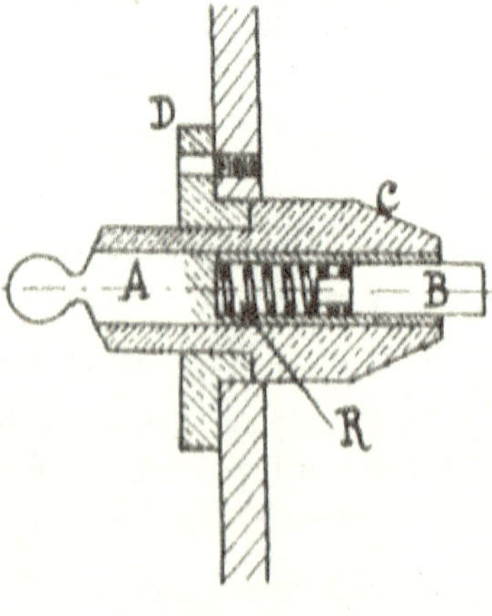

Fig. 38. - Porte-charbon.

Une gaine en ébonite C entoure le conducteur central A. Une collerette métallique D permet la fixation de l'ensemble sur le plateau support du moteur, à l'aide de trois vis.

Distributeur (fig. 39)

Le distributeur est constitué par une rondelle en ébonite A, dont l'alésage est garni d'une bague métallique B, en vue d'un emmanchement facile sur la flasque de butée du moteur.

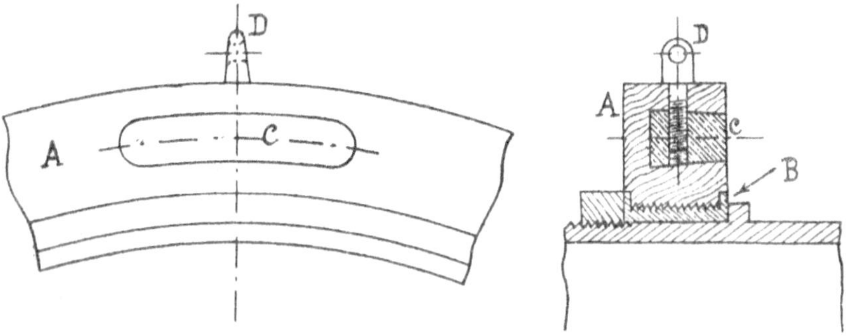

Fig. 39. - Distributeur de secondaire.

Dans la masse de l'ébonite sont encastrés des plots en cuivre C, débouchant sur une face sous la forme d'une portion de couronne circulaire. Ces plots sont répartis sur le pourtour du distributeur, en nombre égal à celui des cylindres et sur chacun d'eux est vissée une tige D, traversant l'ébonite et débouchant sur le pourtour du distributeur par un œil qui permet l'attache des câbles conduisant le courant aux bougies.

Vitesse de la magnéto

La magnéto est fixée solidement sur le plateau support du moteur. Elle porte, claveté en bout de l'induit, un engrenage en prise avec l'écrou-pignon arrière du moteur qui commande également la pompe à huile.

Si le moteur a n cylindres, la magnéto devra fournir n étincelles pour 2 tours du moteur. Or, elle donne 2 étincelles par tour. Pour donner n étincelles, elle devra faire $n/2$ tours.

Donc, à 2 tours du moteur correspond $n/2$ tours de la magnéto et à 1 tour du moteur correspond $n/4$ tours de la magnéto.

$n/4$ est le rapport des vitesses de la magnéto au moteur.

Réglage de la magnéto

On amène un cylindre quelconque en compression, au point exact où doit se produire l'allumage. On tourne alors à la main l'induit de la magnéto, dans le sens normal de la rotation, jusqu'à l'instant précis où les vis platinées, au rupteur, vont se séparer. On engrène alors la denture de la magnéto sur celle du moteur. Dès que la magnéto est légèrement fixée, on vérifie le point d'allumage, avant le blocage définitif.

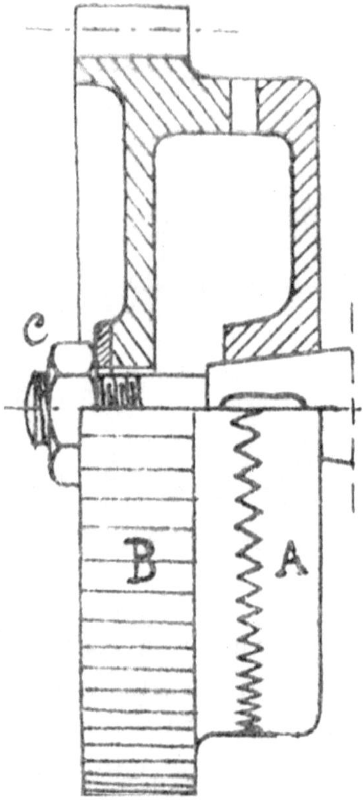

Fig. 40. - Pignon de commande de magnéto à calage angulaire.

Le pignon de la magnéto est claveté sur une portée conique, en bout de l'induit. Il en résulte que les variations de calage ne peuvent différer que d'un nombre exact de dents, ce qui est insuffisant pour un calage précis. On a remédié à cet inconvénient par une disposition particulière (fig. 40). Sur l'arbre de l'induit est clavetée une flasque A, à denture très fine sur une couronne circulaire. Le pignon B, possédant une denture identique, est centrée sur la flasque, denture sur denture, et bloqué par l'écrou C, vissé en bout de l'induit, le réglage est très simplifié, car on commence à fixer définitivement la magnéto, et on effectue le réglage par desserrage de l'écrou C et calage convenable de B sur A.

Le double allumage

Le double-allumage consiste à provoquer l'inflammation des gaz comprimés en deux endroits différents de la masse, et à l'aide de sources distinctes. Il en résulte que les chances de pannes d'allumage sont réduites, le système d'allumage étant doublé, et que l'inflammation des gaz ayant lieu en deux points différents de la masse, la durée de la combustion est moindre,

Ces pannes peuvent provenir :

1. - Des magnétos sujettes à des avaries en cours de fonctionnement.
2. - Des bougies susceptibles de s'encrasser et les ratés qui en résultent provoquent des irrégularités du couple moteur, entraînant des vibrations énormes, comparables à des chocs, très nuisibles à la marche d un appareil aérien.
3. - Du circuit électrique lui-même, sujet à détérioration de par tous ses organes.

Le double-allumage joue donc un rôle important, en cas de panne d'un système et augmente considérablement la sécurité de marche.

Il est indispensable que le calage des magnétos soit identique pour que, dans le cas normal où les deux systèmes fonctionnent, les effets des étincelles s'ajoutent.

(Chaque circuit possède une magnéto, une fiche de contact, un charbon, une rangée de plots moulés sur le même distributeur, des fils d'allumage indépendants et une bougie par cylindre.

Suppression de l'allumage pendant la marche

Il est indispensable de pouvoir, à un instant quelconque, *couper l'allumage* afin de provoquer l'arrêt immédiat du moteur.

La suppression de l'allumage est obtenue en mettant le primaire en court-circuit.

De la borne du primaire (fig. 37), le courant est conduit à un interrupteur, de forme très variable, qui établit la communication avec la masse, pour supprimer l'allumage, ou l'intercepter, pour la marche du moteur.

Remarque. — Il est nécessaire que le fil de masse soit soigneusement isolé de toute masse métallique, car un contact accidentel provoquerait l'arrêt du moteur.

Mécanismes de ralenti par l'allumage.

Nous savons que les cylindres travaillent de 2 en 2. Si, par un dispositif quelconque, nous les faisons travailler de 4 en 4, chacun des *n* cylindres du moteur ne travaillera que tous les 4 tours : nous aurons ainsi un ralenti régulier instantané. Pour un 7 cylindres, par exemple, l'ordre d'allumage est :

En pleine puissance : 1-3-5-7-2-4-6 (en 2 tours}.

Au ralenti : 1-5-2-6-3-7-4 (en 4 tours).

Voici le mécanisme de la Maison Clerget qui utilise ce principe (flig. 41). En bout de l'arbre de la magnéto est fixé, par la vis A, un distributeur B, formé d'une surface isolante dans laquelle est encastré un plot métallique. Le charbon isolé C s'appuie contre la surface isolante et est en relation facultative avec la masse.

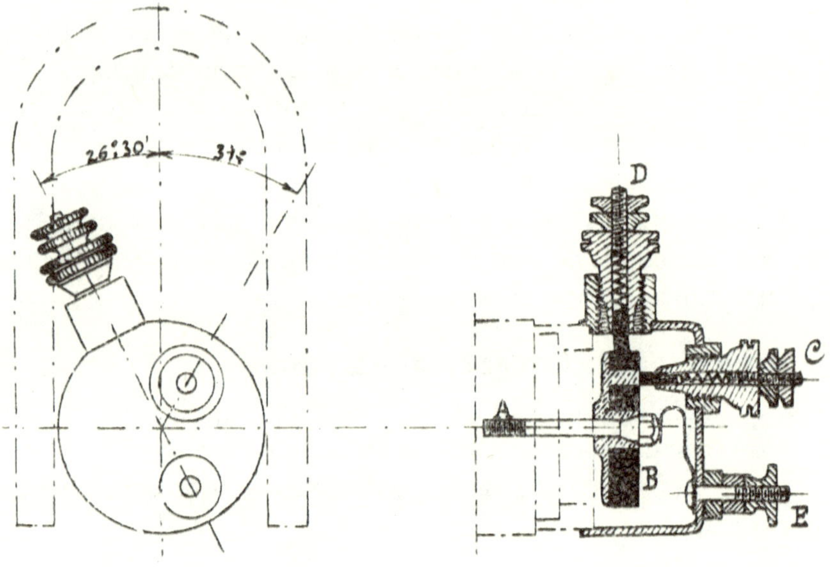

Fig. 41. - Alternateur Clerget.

Le charbon D vient en contact avec le plot, à chaque révolution de la magnéto. Ce contact, qui met la magnéto à la masse, a une durée de moins d'une demi-révolution et a lieu pendant la période où se produit la séparation des vis platinées.

La magnéto donnant 2 étincelles par tour, l'une est supprimée à chaque révolution, de sorte que nous n'avons plus qu'une étincelle par tour.

La borne E permet la mise à la masse habituelle.

Un appareil appelé combinateur permet d'obtenir, avec un seul commutateur, l'arrêt, le ralenti, la marche (fig. 42).

La magnéto de droite alimente les bougies placées à l'avant du sens de rotation, celle de gauche les bougies placées à l'arrière. Le système précédemment décrit est monté sur la magnéto de droite.

Les bornes E, E', de masse de chaque magnéto, sont reliées aux bornes 1-2 du combinateur. La borne C est reliée à la borne 3, la masse à la borne 4. Un contact supplémentaire peut être intercalé dans le circuit et relié aux bornes 1 et 3. D'où le fonctionnement :

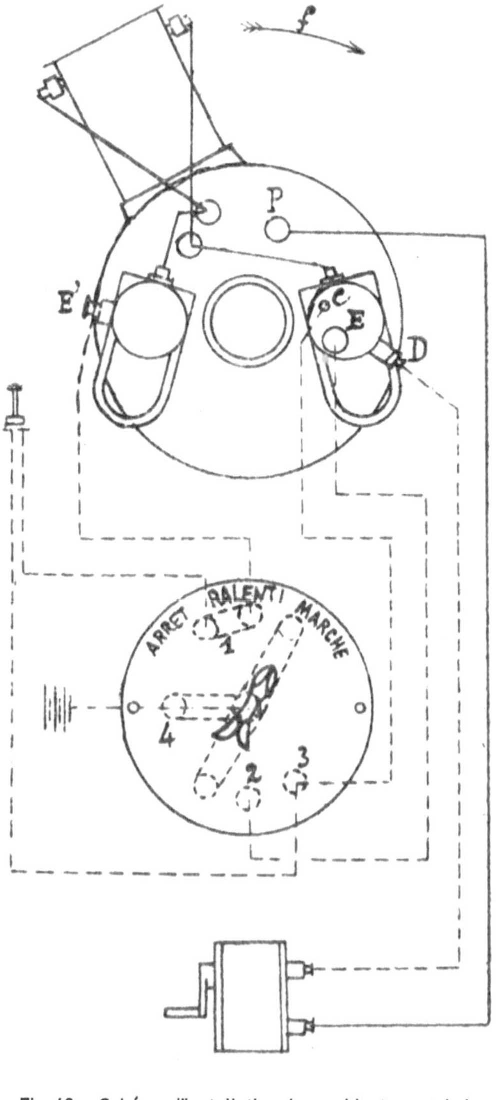

Fig. 42. – Schéma d'installation du combinateur et de la magnéto de départ.

1. - Le *bouton du commutateur étant à gauche*, les bornes 1 et 3 relient les masses E et E' et les magnétos s'interrompent l'une par l'autre : c'est l'arrêt.

2. - Le *bouton étant au milieu*, les bornes 1 et 2 relient la masse de la magnéto de gauche avec l'alternateur de celle de droite : c'est *le ralenti*.

3. - Le *bouton étant à droite*, les masses et la borne O sont isolées et les magnétos fonctionnent normalement : c'est la *marche normale*.

4. - Toujours dans la même position, le contact supplémentaire, pouvant relier 1 et 3 c'est-à-dire D et E', permet l'interruption totale.

La Maison Gnome adopte sur le moteur monosoupape le *sélecteur de vitesse* pour variée la vitesse du moteur. Le principe du mécanisme est le même que le précédent, mais la réalisation différente et on peut obtenir, au combinateur, 4 séries de vitesses, dont 3 de ralenti.

Le sélecteur se compose d'un tambour en bronze tournant au ¼ de la vitesse de la magnéto. Un tour de tambour correspond donc à 4 tours de la magnéto ou à 8 allumages.

Ce tambour est divisé en 4 zones, dans le sens de sa longueur, et à chacune d'elles correspond une borne isolée avec un frotteur en charbon (fig. 43).

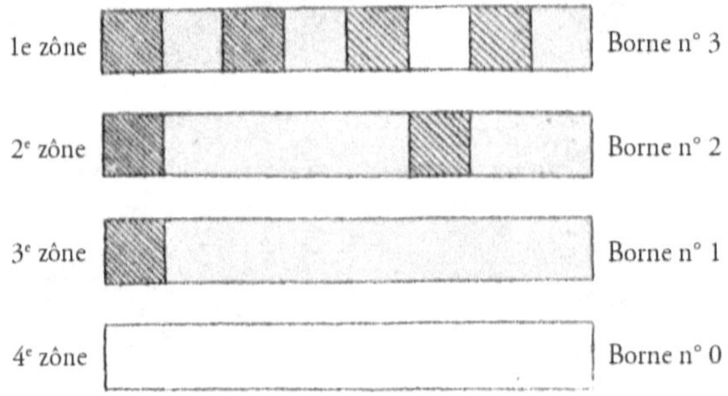

Fig. 43. - Zones du sélecteur de vitesse Gnome.

La première zone est divisées en 8 parties égales (4 en ébonite, 4 en bronze).

La deuxième zone a deux parties en ébonite diamétralement opposées.

La troisième zone a une seule partie en ébonite.

La quatrième zone est un cercle continu en bronze.

Si nous relions le primaire de la magnéto à la borne n° 3, correspondant à la première zone, la moitié des allumages passera à la masse. Nous aurons un allumage tous les 4 cylindres, soit 9 allumages en 4 tours L'ordre d'allumage sera :

1 — 5 — 9 — 4 — 8 — 3 — 7 — 2 — 6 —

Si nous réunissons le primaire à la borne n° 2, correspondant à la deuxième zone, les ¾ des allumages passeront à la masse. Nous aurons un allumage tous les 8 cylindres, soit 9 allumages en 8 tours. L'ordre d'allumage sera :

1 — 9 — 8 — 7 — 6 — 5 — 4 — 3 — 2 —

En opérant de même pour la borne n° 1, correspondant à la troisième zone, nous n'aurons plus qu'un allumage tous les 16 cylindres, soit 9 allumages en 16 tours. L'ordre d'allumage sera :

1 — 8 — 6 — 4 — 2 — 9 — 7 — 5 — 3

Enfin, en reliant le primaire à la borne n° 0, correspondant à la quatrième zone, nous aurons l'interruption totale.

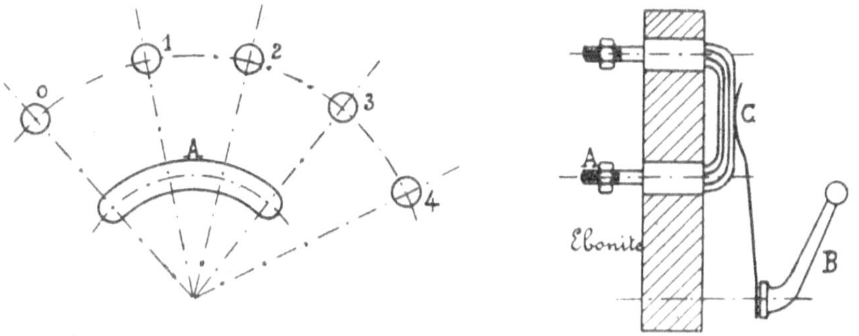

Fig. 44.- Combinateur Gnome.

Le combinateur permet de faire passer le courant primaire sur une des 4 zones indifféremment (fig. 44). Le courant primaire arrive sur la borne centrale A.

Quatre autres bornes, réparties sur un même rayon, sont reliées aux bornes correspondantes du sélecteur. Un levier B, muni d'un contact C, permet de faire passer ce courant par l'une quelconque des 4 bornes.

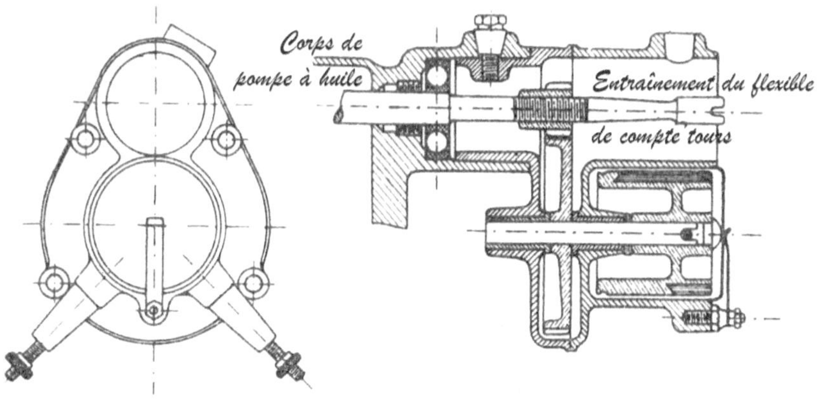

Fig. 45.— Montage du sélecteur sur la pompe a huile.

En partant de la position O, pour laquelle on a le contact à la masse, nous aurons successivement :

À la position 1, 1 allumage sur 8.
— 2, 2 — 8.
— 3, 4 — 8.
— 4, l'ensemble de l'appareil est hors circuit, l'ordre d'allumage est normal.

Le sélecteur se monte à la place de l'entraîneur du flexible du tachymètre, c'est-à-dire en bout de l'arbre de la pompe à huile, comme le montre la figure 45.

En supposant une vitesse normale du moteur de 1200 tours, le mécanisme permet d'obtenir la gamme des vitesses suivante :

360 — 620 — 900 tours par minute.

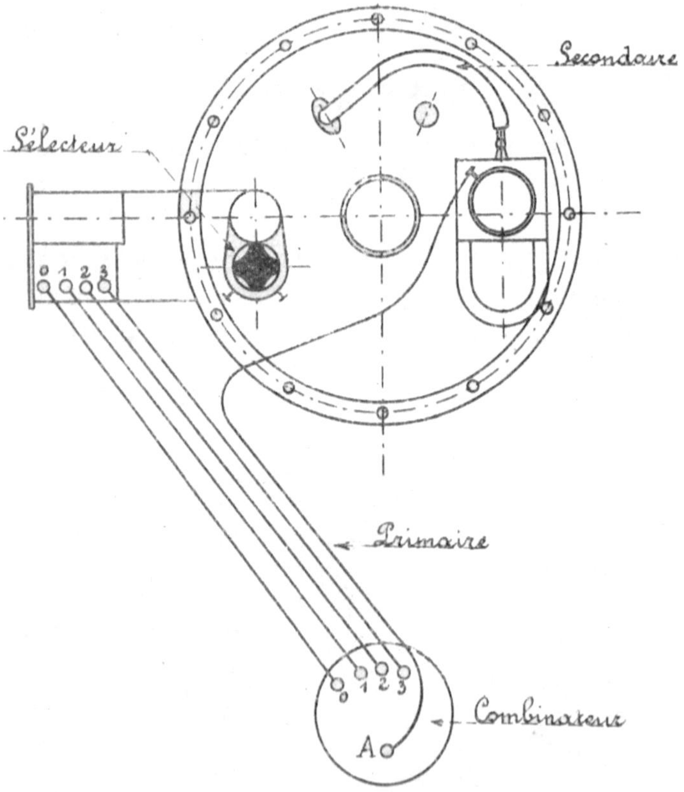

Fig. 46. - Schéma de montage du sélecteur.

Ces mécanismes de ralenti par l'allumage ne peuvent être considérés comme une boîte de changement de vitesses mais ils permettent :

1. - De laisser tourner le moteur sans entraîner l'appareil.

2. - Le vol horizontal en descente légère.

3. - La descente rapide, sans couper l'allumage, sans crainte d'arrêter le moteur,

La figure 46 indique le schéma de montage du mécanisme.

Les bougies d'allumage

La bougie est l'organe qui réalise l'interruption du circuit secondaire. Elle comprend un culot métallique traversé par une tige conductrice et soigneusement isolée (fig. 47). Cette tige reçoit directement le courant secondaire du distributeur et constitue une électrode, l'autre électrode est constituée par le culot, relié à la masse par le contact provenant du vissage de la bougie sur la chambre de compression.

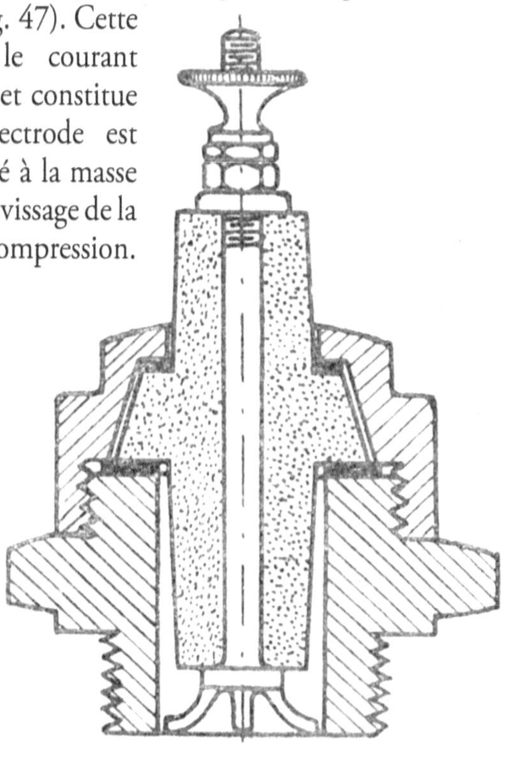

Fig. 47. - Bougie d'allumage.

Qualités des bougies

1. Les bougie doivent être robustes, et la difficulté d'obtenir cette qualité réside en ce que la matière isolante est soumise à des températures très différentes, une partie étant en contact avec les gaz chauds, l'autre avec l'extérieur. Ces différences de température provoquent la rupture (porcelaine) ou la dislocation (mica) de l'isolant, si la forme, la qualité et le montage de celui-ci n'est pas convenable. Les joints doivent être métallo plastiques, le centrage des pièces exact par serrage sur parties coniques ou sphériques.

2. L'isolant doit être d'une constitution supportant les hautes températures, sinon il brûle et les particules de carbone libérées dans sa masse lui donnent de la conductibilité, provoquant des courts-circuits et supprimant l'étincelle aux électrodes.

3. Les bougies doivent être *difficilement encrassables* par une disposition convenable des électrodes et une position rationnelle de la bougie sur le cylindre. L'écartement des électrodes ne doit pas dépasser 5/10 de millimètre.

4. Les bougies ne doivent *pas produire d'auto-allumage* : on évitera les pointes trop aiguës qui peuvent être portées à l'incandescence et y demeurer pondant la période de compression.

Position des bougies sur les cylindres

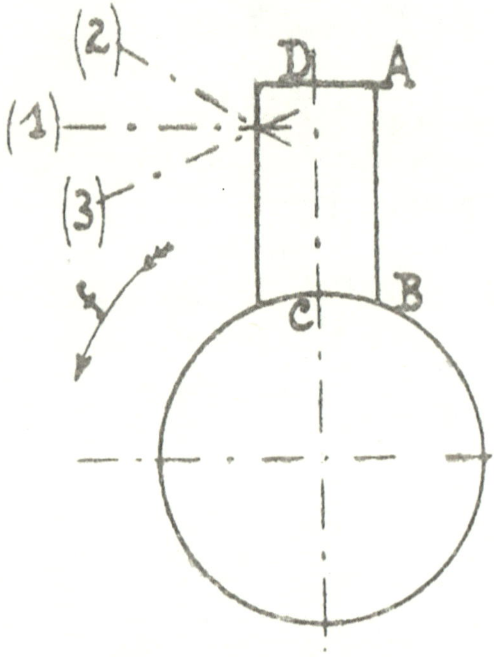

Fig. 48. - Position des bougies sur les cylindres.

Dans le moteur fixe, l'emplacement des bougies n'a guère d'autre importance qu'au point de vue de la répartition des organes sur le cylindre (soupapes, chemises d'eau, etc,..).

Dans le rotatif, d'autres considérations interviennent, qui prohibent certaines dispositions : c'est ainsi que, placée sur le fond d'un cylindre, la bougie s'encrasse, la force centrifuge entraînant les résidus de la combustion vers le fond du cylindre. De même, placée sur la portion du demi-cylindre ABCD opposée à la rotation (fig. 48), l'inertie entraîne également l'encrassement.

Pour choisir convenablement l'emplacement, il faut considérer :

1. - Le *moindre encrassement.*

2. - Le *refroidissement maximum* du culot, extérieur au cylindre.

Dans tous les cas, la bougie est placée sur la demi-portion du cylindre, dans le sens de rotation, ce qui satisfait aux deux conditions énoncées (fig. 48).

Tantôt la bougie est normale à l'axe du cylindre (position 1), tantôt inclinée vers l'axe du moteur (position 2), et immédiatement au-dessous de la soupape d'échappement, pour que les gaz refoulés viennent faire un léchage des électrodes et les nettoyer, tantôt inclinée en sens inverse (position 3) pour éviter les dépôts d'huile que la force centrifuge vient accumuler dans la partie creuse de la bougie.

On a remarqué que chaque genre de moteur avait un genre de bougie qui lui convenait particulièrement. Ceci s'explique par les considérations précédentes.

Magnéto de départ

L'emploi de la magnéto de départ, sur un rotatif, présente quelques difficultés.

Tout d'abord on ne peut utiliser le charbon de la magnéto de marche qui ne permet l'allumage qu'avec une certaine avance avant le point mort. Il nous faudra un charbon spécial, décalé sur le précédent dans le sens du mouvement et de telle façon qu'il n'entrera en contact avec le plot que lorsque le cylindre correspondant aura dépassé le point mort haut.

De plus, avec le distributeur ordinaire, les plots passent successivement devant le charbon dans l'ordre de la suite des cylindres : 1, 2, 3,... *n*. Si nous envoyons un courant, sans discontinuité, de la magnéto de départ, les cylindres allument dans ce même ordre. Il s'en suivra qu'une étincelle jaillira aux fins de compression, ce qui donnera une impulsion au moteur pour le départ, mais aussi au moment de l'admission, ce qui donnera des retours au carburateur. Le départ peut ainsi avoir lieu, mais il n'est pas rationnel.

Il faut des dispositions spéciales pour obtenir que l'allumage n'ait lieu que pour les cylindres à la compression. Avec le mécanisme de ralenti précédemment décrit de la maison Clerget, ce résultat est obtenu très facilement.

Le courant de la magnéto de départ est envoyé au charbon P (fig. 42) eu relation avec les bougies par les plots et les fils. Le fil de masse est relié à la borne D (fig. 41) montée sur l'alternateur B, dont la circonférence est métallique ; il en résulte que la magnéto de départ est normalement à la masse.

Pour permettre l'envoi du courant aux moments voulus, deux dégagements opposés, placés dans l'axe de l'alternateur, sont remplis de matière isolante.

Quand le charbon de la borne D passe sur ces dégagements isolés, la magnéto de départ fonctionne et le courant est transmis aux bougies.

Chapitre V

La carburation

Principes

La carburation a pour objet la formation du mélange gazeux, susceptible d'être employé dans le cylindre, pour accomplir le cycle.

Ce mélange est composé d'air atmosphérique, le *comburant*, et d'un *combustible*, l'essence de pétrole, dans le cas qui nous intéresse. La densité de l'essence est 0,7 environ, son pouvoir calorifique 10 500 calories et un moteur consomme en moyenne 300 grammes par cheval-heure ou :

$$10\,500 \times 0{,}3 = 3\,150 \text{ calories,}$$

ce qui correspond à un travail de :

$$426 \times 3\,150 = 1\,341\,900 \text{ kilogrammètres.}$$

Or, 1 cheval-heure correspond à :

$$75 \times 3\,600 = 270\,000 \text{ kilogrammètres.}$$

Dès lors, le rendement thermique d'un moteur est :

$$270\,000 \text{ kgm} / 1\,341\,900 = 0{,}2 \text{ environ}$$

L'essence est un mélange d'hydrocarbures, de formule $C^{n}H^{2n+2}$, dans lequel domine l'heptane ($n = 7$). La combustion exige de l'oxygène et la réaction donne CO^{2} et HO^{2} :

$$C^{7}H^{16} + 22O = 7CO^{2} + 8H^{2}O$$

Il faut donc 22 volumes d oxygène pour brûler 1 volume d'heptane. Étudions la réaction en poids, en prenant pour poids atomiques :

C = 12, O = 16, H = 1

Pour brûler : 7 x 12 + 1 x 16 = 84 + 16 = 100 grammes d'essence il faut 22 x 16 = 352 grammes d'O, et pour brûler l gramme d'essence, il faut :

352 / 100 = 3,52 g d'oxygène

Or, sur 1 gramme d'air, il y a 0,23 g d'O. Pour brûler 1 gramme d'essence il faut donc 3,52 g / 0,23 = 15,3 g d'air dont le volume est : 1 293 / 15,3 = 11,8 litres.

Pratiquement, il faut 20 grammes d'air ou 20 / 1,293 = 15 à 16 litres d'air.

Nous avons déterminé la quantité d'air nécessaire à une bonne carburation. D'autres conditions doivent être remplies :

Il faut :

1. - Que *le mélange ait les proportions voulues*, condition difficile à réaliser à cause des variations des conditions atmosphériques et des variations du régime du moteur.

2. - Que *le combustible soit amené à l'état de vapeur*. Les particules restées liquides ne pouvant entrer dans le mélange explosif

3. - Que *le mélange soit homogène*, l'explosion étant ainsi spontanée.

4. - Que *la température du mélange soit convenable*. Si elle est trop élevée, le remplissage se fait mal, du fait du volume trop grand des gaz frais. Si elle est trop basse, on peut craindre la condensation de l'essence.

Le moteur rotatif est à peu près exclusivement employé en aviation et la carburation présente un caractère différent de celui des moteurs fixes industriels ou des moteurs des véhicules terrestres. Tout d'abord, il est à remarquer que ces moteurs sont étudiés en vue d'un maximum de puissance et qu'ils ne s'écartent guère de ce maximum. Le problème n'est donc pas à envisager principalement en vue des variations de régime des moteurs, mais il revêt un caractère beaucoup plus compliqué par les variations des conditions atmosphériques qu'entraînent les différences d'altitudes.

Le dosage $q_{essence} / q_{air}$ qui doit être constant, à terre, si on ne change pas le régime du moteur, varie donc quand on s'élève, avec la pression atmosphérique, la température, l'état hygrométrique. Le carburateur automatique à niveau constant, qui assure le dosage propre à chaque régime de marche, peut donc être remplacé par le *carburateur à injection directe*. L'intérieur du carter constituant une capacité où le mélange est énergiquement brassé, assurant son homogénéité, l'injection directe devient un avantage, car elle substitue un organe simple à un organe compliqué et délicat.

Carburateur à injection directe

Considérons la figure 49. Soient Ω la section du diffuseur, V_a la vitesse de l'air dans le diffuseur et q_a le débit d'air.

On a : $$q_a = \Omega V_a$$

Soit H, exprimé en millimètres d'eau, la dépression provenant de l'aspiration du moteur :

$$V_a = \sqrt{2gH\,(D / \delta_a)} \qquad \textbf{(1)}$$

D étant la densité de l'eau (1 000), δ_a la densité de l'air à 0° et 760 millimètres (1,293), ceci en négligeant les pertes de charge dans les tuyauteries d'admission. En tenant compte de ces pertes de charge :

$$V_a = \sqrt{(2g\,(H\text{-}x))\,(D / \delta_a)}$$

Soient, d'autre part, ω la section du gicleur, V_e la vitesse de l'essence,

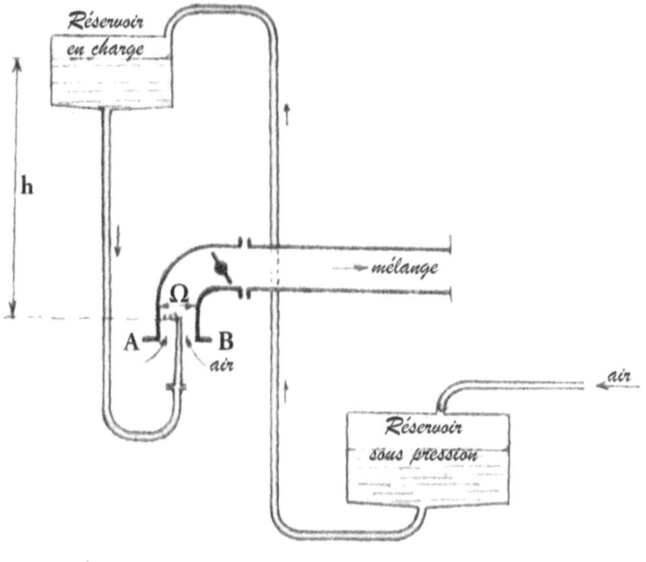

Fig. 49. – Installation du carburateur à injection directe.

q_e le débit d'essence, δ_e la densité. On a :

$$q_e = \omega V_e$$

Si l'essence est au niveau du gicleur :

$$V_e = \sqrt{2gH (D / \delta_e)} \qquad \textbf{(2)}$$

Dans les avions, l'essence arrive au carburateur d'un réservoir en charge (fig. 49) généralement alimenté par un réservoir plus grand, sous pression, de façon que le niveau de l'essence dans le réservoir en charge soit sensiblement constant. Soit h la charge, **(2)** devient :

$$V_e = \sqrt{(2g (H + h)) (D / \delta_a)}$$

On a :

$$\text{essence / air} = q_e / q_a = \omega V_e / \Omega V_a$$

$$= \omega / \Omega \; [\sqrt{(H + h) / (H - x)}] \; [\sqrt{\delta_a / \delta_e}]$$

Pour des vitesses angulaires constantes, toutes choses égales d'ailleurs, ce qui est le cas normal du régime de marche des moteurs d'aviation, $\omega / \Omega \; [\sqrt{(H + h) / (H - x)}]$ est sensiblement constant et les variations du rapport q_e / q_a proviennent des variations de $\sqrt{\delta_a / \delta_e}$, c'est-à-dire des variations de la densité δ_a de l'air.

Variations de la carburation avec la pression atmosphérique

Des expériences de puissance faites sur des moteurs fixes, à des altitudes élevées, notamment à Quito, à 2850 mètres d'altitude, ont montré que la puissance diminuait quand l'altitude augmentait.

Considérons un moteur utilisant l'énergie thermique d'une masse M de gaz carburé. Sa puissance P est fonction de cette masse et sensiblement proportionnelle à la quantité utilisée :

$$P = kM$$

Or, $M = V\delta$ (δ densité du mélange). Pour une vitesse angulaire déterminée, toutes choses égales d'ailleurs, le volume aspiré V est invariable et par conséquent :

$$P = k' \delta$$

Or la loi de Mariotte nous indique que les densités varient comme les pressions :

$$p / p_0 = \delta / \delta_0 \qquad \textbf{(1)}$$

Cherchons alors les variations des pressions en fonction de l'altitude.

Considérons (fig. 50) une masse cylindrique de gaz de section unitaire, δ étant la densité de l'air sous l'unité de pression. À une hauteur H, au-dessus du niveau de hase, de cote 0, la pression atmosphérique est p ($p < p_0$), la densité de l'air est δp.

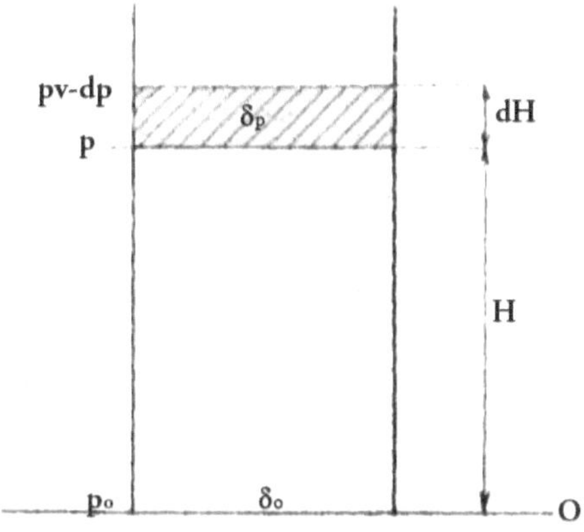

Fig. 50.

Considérons la couche hachurée, de hauteur dH, suffisamment petite pour que la densité soit constante, δp. La pression au plan supérieur est p-dp et l'on a évidemment :

$$dp = -\delta p \, . \, dH$$

ce qui peut s'écrire :

$$dp / p = -\delta \, . \, dH$$

équation différentielle dont l'intégration donne de suite :

$$\log_e p - \log_e p_0 = -\delta H$$

ou $$p / p_0 = e^{-\delta H} = 1 / e^{\delta H}$$

Or, **(1)** $$p / p_0 = \delta / \delta_0 = P / P_0$$

Donc, $$P / P_0 = 1 / e^{\delta H}$$

Ce qui montre que, si H croît en progression arithmétique, P décroît en progression géométrique.

Nous pouvons tracer la courbe :

$$P / P_0 = f(H)$$

qui a l'allure ci-après (fig. 51).

Quand on connaît p, au lieu de H, on a de suite :

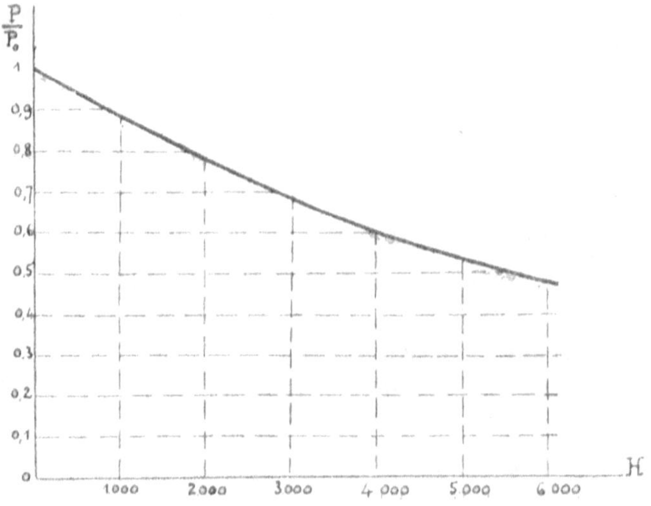

Fig. 51. - Variations de la puissance avec l'altitude.

$$P / P_0 = p / p_0$$

Ainsi, un moteur de 80 HP donne, à 3 000 mètres, une puissance de :

$$80 \text{ HP} \times (522 / 760) = 56 \text{ HP environ}$$

522 millimètres étant la pression atmosphérique à 3 000 mètres.

Si nous nous reportons à la courbe, à 3 000 mètres.

$$P / P_0 = 0{,}69$$

ce qui donne pour P :

$$P = 80 \times 0{,}69 = 56 \text{ HP environ}$$

Remarque. — Dans un véhicule aérien à sustentation indépendante (dirigeables), la résistance à l'avancement est directement proportionnelle à la pression atmosphérique. De sorte que, la puissance du moteur et la résistance de l'air à la pénétration variant dans le même sens avec l'altitude, la vitesse du véhicule reste sensiblement constante à toutes les altitudes.

Mais dans l'aéroplane, où la sustentation est fonction de la vitesse, par conséquent de la puissance du moteur, le problème est plus compliqué et on constate une diminution sensible de la vitesse au fur et à mesure que l'on s'élève.

Réchauffage

L'air entraîne l'essence sortant du gicleur et divise immédiatement le jet. Il se produit une vaporisation des gouttelettes, qui emprunte de la chaleur à l'air lui-même et à la tuyauterie. On se rend compte de ce refroidissement par le dépôt de buée, parfois de givre, déposé sur la tuyauterie. Dans un moteur fonctionnant au sol, il est nécessaire de réchauffer ces gaz frais à l'aide des gaz de l'échappement ou de la circulation d'eau du moteur, amenés dans une chambre concentrique à la tuyauterie.

Dans les moteurs aériens, ce refroidissement s'augmente par la diminution de température qui a lieu au fur et à mesure que l'on s'élève. Le réchauffage des gaz devrait donc croître avec l'altitude. Mais, dans le rotatif, les gaz passant par le carter y séjournent suffisamment pour s'élever à une température, du fait de réchauffement du moteur, suffisante pour la bonne marche.

Divers types de carburateurs

Le premier type adopté pour rotatif consiste en une simple pipe coudée, d'égale section, fixée en bout du vilebrequin (fig. 49). Un gicleur amène l'essence dans cette pipe et un volet réglable limite l'admission des gaz.

Le système ne permet aucun réglage du mélange et on lui a ajouté un volet rotatif de prise d'air, dans le plan AB.

Les retours de flamme étant à craindre au carburateur, il faut autant que possible que le tuyau d'arrivée d'air soit vertical, de façon qu'à la mise en route l'essence trouve son écoulement hors de l'appareil. Dans le cas où le tuyau d'arrivée d'air débouche dans l'appareil, il est indispensable de le munir, en bout, d'une toile métallique qui arrêtera la flamme. La Maison Gnome fixait à l'extrémité du carburateur une sphère métallique creuse, percée de trous sur sa périphérie et doublée intérieurement d'une toile métallique.

Il est nécessaire d'avoir un réglage du débit d'essence par un robinet ou un pointeau placé sur la canalisation.

La charge de l'essence au-dessus du gicleur doit être suffisante pour ne pas avoir de gicleur de trop grand diamètre, auquel cas l'inertie de la colonne d'essence, contenue dans la tuyauterie, n'étant plus freinée par le calibrage du gicleur, le débit est saccadé et le réglage impossible.

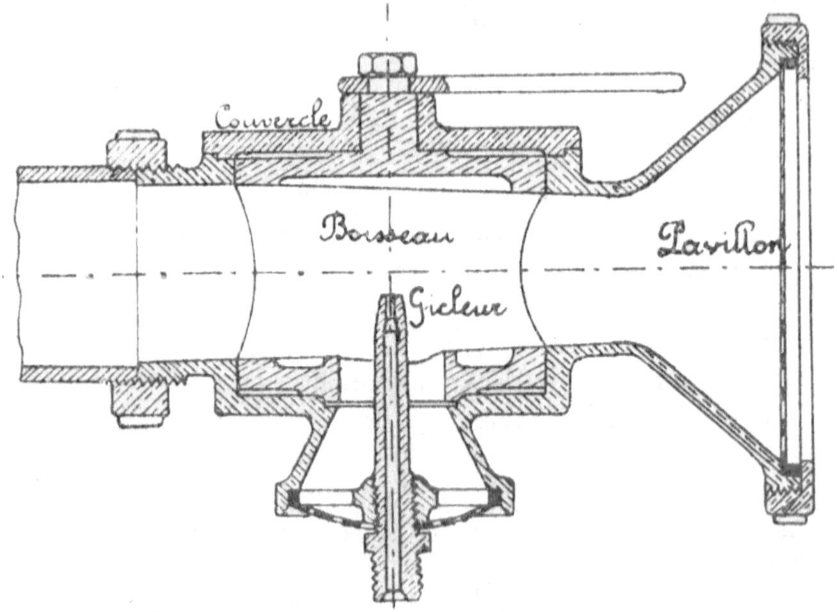

Fig. 52.- Carburateur injecteur Gnome.

Le carburateur (fig. 52) est la conception la plus simple pour l'injection directe. Il exige un réglage :

1. - De l'arrivée d'essence ;

2. - De l'admission d'air ;

3. - De l'admission des gaz.

Il n'est plus guère employé et est remplacé avantageusement par le carburateur Tampier, monté sur tous les rotatifs.

Carburateur Tampier ou « Blocktube »

Le système d'alimentation Blocktube comprend une tuyauterie spéciale, sur laquelle est placée un *frein-filtre* qui débarrasse l'essence de ses impuretés et règle sa vitesse d'écoulement ; elle amène l'essence au carburateur où se fait le dosage d'air et où le trop-plein est envoyé à l'extérieur. Une boîte antiflamme, avec des tubes prenant l'air hors du fuselage, évite la propagation des gaz brûlés.

Le carburateur (fig. 53) coin prend une boîte A dans laquelle se déplace un registre B qui règle à la fois les quantités d'essence et d'air aspirées dans les tubes d'admission. L'essence arriva pur le gicleur C dans lequel la section de passage est rendue variable par le déplacement d'une aiguille D, dont les mouvements sont solidaires du registre B de réglage d'air.

Les sections variables de l'aiguille, par rapport aux sections d'air correspondantes, donnent la proportion

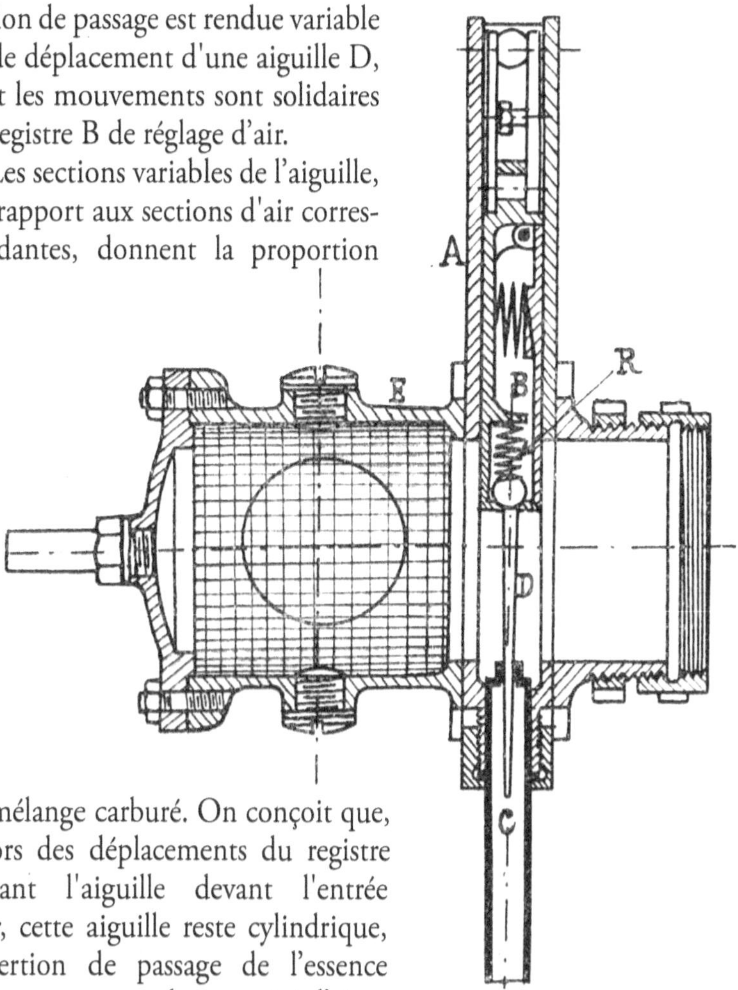

Fig. 53. – Carburateur Tampier ou Blocktube.

du mélange carburé. On conçoit que, si lors des déplacements du registre portant l'aiguille devant l'entrée d'air, cette aiguille reste cylindrique, l'insertion de passage de l'essence sera constante, et la quantité d'air admise, seule, sera modifiée. Une aiguille conique permettra les variations simultanées des débits d'air et d'essence.

Pour éviter tout coincement, l'aiguille est terminée par une bille, sur laquelle elle pivote, de façon à se centrer dans le jet d'essence, au gicleur. Ce montage a encore l'avantage d'éviter le matage des surfaces par l'action du ressort R.

Pour éviter que le registre B prenne de l'usure dans la boîte A, où il coulisse, une de ses surfaces est à volet, constitué par une plaquette mobile poussée par un ressort.

Sur le blocktube est boulonnée une boîte E, d'où partent les tubes de prise d'air à l'extérieur du fuselage. Si une explosion se produit dans le carter du moteur, les gaz brûlés sont directement expulsés au-dehors. La boîte E renferme une toile métallique pour filtrer l'admission d'air.

Pour les pays froids, il peut être utile de réchauffer l'air d'admission. On substitue alors à la boîte E un couvercle spécial, portant un obturateur pour régler la quantité d air admise par l'un des orifices de la boîte. Au moyen d'un tube coudé, on relie la boîte à l'échappement du moteur. L'air chaud, qui entoure les ailettes les plus chaudes des cylindres, est aspiré par dépression. Par temps froid, on aspire l'air chaud et on règle la quantité d'air froid mélangé.

Le *frein-filtre* (fig. 54) est formé d'un corps cylindrique intérieurement A et séparé en deux parties par une pièce B, vissée et percée d'un orifice central. Une aiguille-bille C pénètre dans cet orifice et freine plus ou moins le débit de l'essence qui, arrivant dans la partie inférieure du

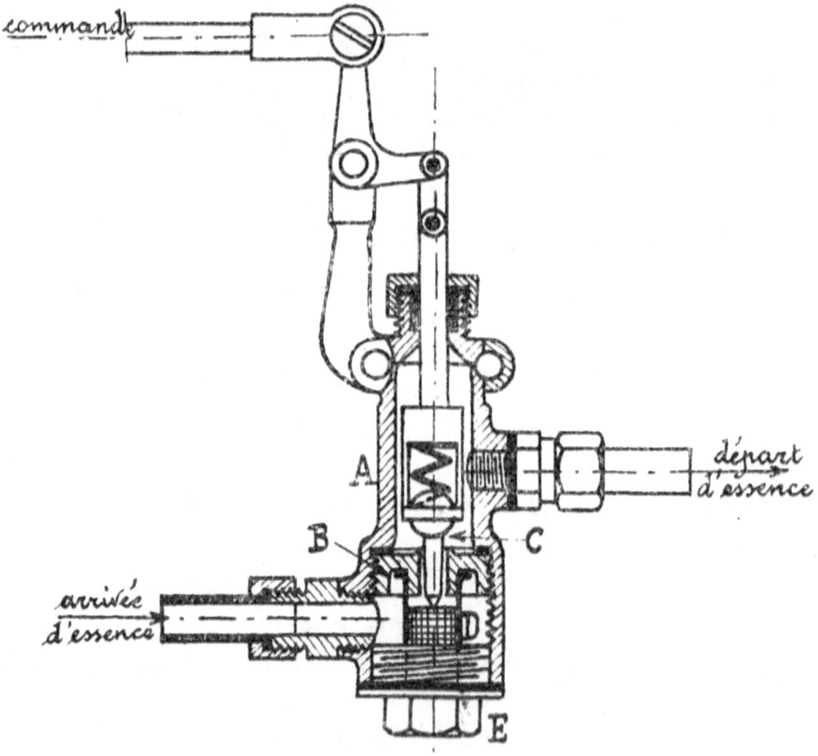

Fig. 54. - Frein-filtre Tampier.

corps, ne peut s'en écouler que par la chambre supérieure. Un filtre D, en toile métallique, nettoie l'essence ; la partie inférieure du frein-filtre doit être le point le plus bas de la tuyauterie, de sorte que l'eau que peut contenir l'essence vient s'y déposer. Le dévissage de l'écrou E permet la vidange de cette eau et des autres impuretés arrêtées.

Avec ce carburateur, le pilote n'a donc plus, comme commande, que deux manettes montées sur un secteur gradué, l'une commandant le volet et l'aiguille du gicleur simultanément et l'autre le frein-filtre.

Chapitre VI

Le graissage et le refroidissement

Généralités

Le graissage a pour but d'interposer entre deux parties frottantes un corps lubrifiant qui empêche le frottement direct de deux parties métalliques l'une sur l'autre. Pour que la pellicule de lubrifiant interposée puisse se maintenir, la pression entre les deux parties frottantes ne doit pas être trop élevée, sinon elle est chassée et le contact direct des parties métalliques amène le grippage à bref délai. Il faut, par suite, adopter une surface frottante suffisante, afin que la pression par unité de surface soit convenable.

Le lubrifiant doit présenter diverses qualités, suivant les conditions de fonctionnement des organes à graisser. Pour le moteur rotatif, en particulier, ces qualités sont les suivantes :

1. - Le lubrifiant doit avoir une certaine affinité pour bien remplir les pores du métal et y adhérer ;

2. - Il doit avoir une grande viscosité pour ne pas être instantanément chassé par la pression et par la force centrifuge ;

3. - Il doit posséder de la fluidité pour se glisser partout, afin d'atteindre tous les organes ;

4. - Le point d'inflammabilité doit être élevé car la température d'explosion est d'environ 1 500°. À cette température, aucune huile ne résiste, elle brûle ; et le choix doit se porter sur l'huile qui laisse peu de déchets par sa combustion. Certaines, déposant par la combustion des particules solides de carbone, sont à prohiber.

5. - Le lubrifiant doit être insoluble dans les hydrocarbures, car il se trouve dans le carter en contact direct avec le mélange carburé.

Toutes ces considérations ont conduit à prendre pour le rotatif l'huile de ricin. C'est une huile végétale, possédant une grande affinité et dont la viscosité varie peu avec la température ; elle est de 140 à 20°. Cette huile se solidifie de - 15° à - 18° et au-dessous de 0°, elle perd beaucoup de sa fluidité. Son pouvoir d'adhésion est très grand, d'où expulsion moindre par la force centrifuge. Sa combustion donne des produits moins agglutinants, moins charbonneux et moins durs que l'huile ordinaire. De plus, elle est insoluble dans l'essence, condition essentielle.

Trajet de l'huile

Dans un tel moteur, le graissage sous pression s'impose. L'huile est placée dans un réservoir en charge et arrive directement à la pompe (fig. 55).

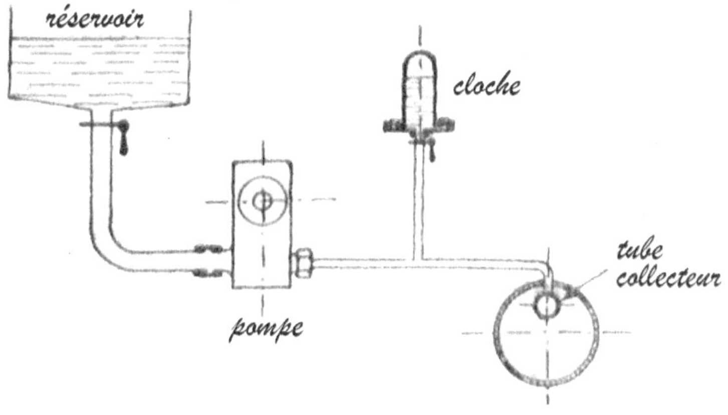

Fig. 55. - Trajet de l'huile.

De là, elle est envoyée dans un ou plusieurs tubes graisseurs, placés à l'intérieur du vilebrequin, qui distribuent l'huile aux différents organes. Le vilebrequin est perforé, de même les bras et le maneton. Des trous débouchent sur la périphérie pour le graissage de l'embiellage, des roulements à billes et de la distribution (fig. 56). Par la force centrifuge, l'huile monte le long des bielles et gagne le pied de bielle, l'axe du piston, le piston et le cylindre.

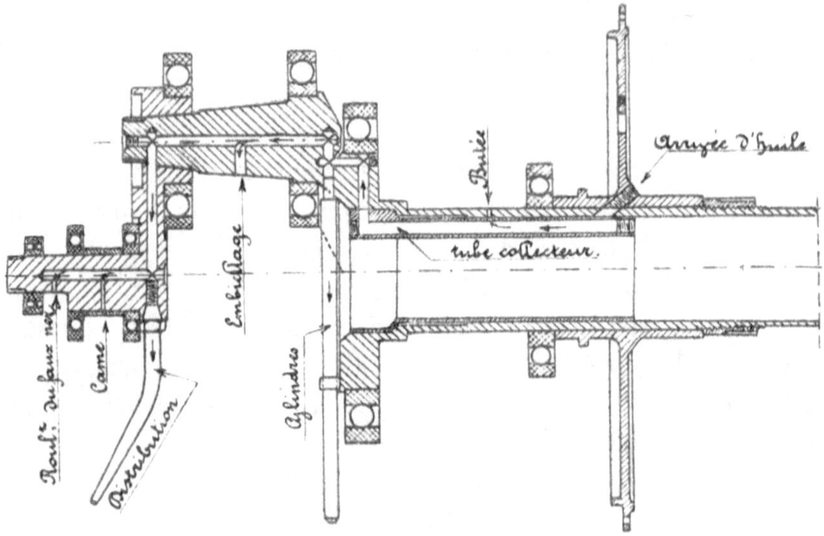

Fig. 56. - Circulation d'huile dans le vilebrequin.

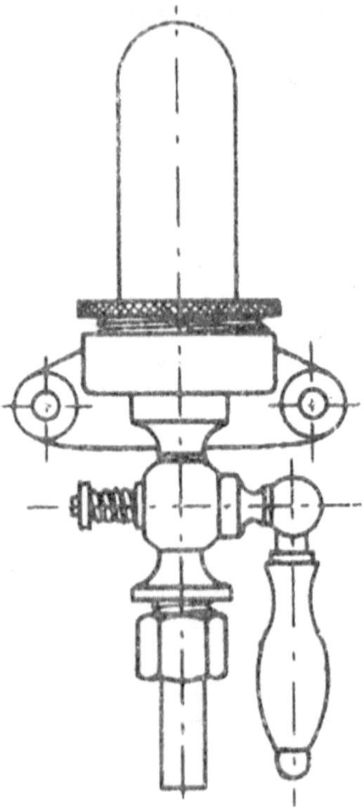

Fig. 57. - Cloche à huile.

Le carter renferme une brume d'huile, formée par le brassage, qui graisse aussi les cylindres : les gaz frais d'admission, chargés de cette brume, apportent aussi une quantité d'huile pour ce même graissage

Quand l'huile a accompli ce trajet elle est expulsée avec les gaz d'échappement.

Sur la tuyauterie qui mène l'huile de la pompe aux tubes collecteurs du vilebrequin est dérivée une canalisation aboutissant à une cloche en verre ou *viseur manométrique* (fig. 57). Chaque coup de pompe communique une augmentation de pression dans la tuyauterie, laquelle se traduit par une pulsation, visible à la cloche. On est ainsi de suite renseigné sur le bon fonctionnement du graissage.

La pompe étant commandée par le moteur, par l'intermédiaire d'organes cinématiques, le nombre de pulsations indique, à une constante près, le nombre de tours du moteur. Cette constante est facile à déterminer, connaissant les rapports des vitesses des organes de commande intermédiaire entre le moteur et le piston de la pompe : soit k.

Si n est le nombre de pulsations comptées à la cloche pendant une minute, le nombre de tours du moteur pendant ce temps est ;

$$N = kn$$

Cette méthode de contrôle de la vitesse de rotation du moteur est assez précise pour des opérateurs bien exercés. En tous cas, elle n'est pas sujettes aux erreurs qu'entraîne souvent le déréglage des tachymètres et elle peut servir de moyen de vérification du tachymètre, à défaut de compte-tours.

Emploi de l'huile de ricin par temps froid

Au-dessous de 0° l'huile de ricin se fige, perdant tellement de sa fluidité qu'elle traverse difficilement les tuyauteries. Il est donc indispensable de réchauffer cette huile afin de lui donner sa limpidité naturelle. Pour des températures inférieures à – 15°, la vidange des réservoirs s'impose. Mais pour des températures moins excessives, on se contente de réchauffer les réservoirs avec des réchauds spéciaux et de faire le plein, au moment du fonctionnement du moteur seulement, avec de l'huile chaude.

Pour des voyages de longue durée, on peut craindre la congélation complète de l'huile, surtout à des altitudes élevées, et par suite la rupture des tuyauteries aux durits. On a été amené à placer le réservoir d'huile immédiatement derrière le moteur, afin que les calories perdues par les parois soient absorbées en partie par le réservoir. On a imaginé aussi de faire traverser le réservoir par un tube de gros diamètre dans lequel circule une partie des gaz de l'échappement, récupérés par une canalisation appropriée, ou encore de faire passer la tuyauterie dans le carter, à la sortie de la pompe.

Les pompes à huile

Une pompe à huile est établie de façon à donner un débit suffisant, propre à un graissage convenable du moteur. Sa construction doit être légère et robuste et d'un fonctionnement certain : un arrêt momentané provoquerait en effet un arrêt rapide du moteur, par grippage, ce qui occasionnerait sa perte, sans compter les inconvénients que provoque une panne en matière d'aviation.

Les pompes existantes sont à pistons simple ou multiples, à débit constant ou variable, à cylindre fixe ou oscillant. Le mécanisme est enfermé dans une boîte en aluminium pleine d'huile, amenée directement du réservoir, qui constitue le carter de la pompe.

Pompe des moteurs Gnome

Elle comprend un carter d'aluminium toujours plein d'huile et alimenté directement par le réservoir. L'écrou-pignon arrière du moteur commande le pignon A de la pompe, sur l'arbre duquel est montée la vis sans fin B, à l'intérieur du carter. Cet arbre traverse le carter dans des presse-étoupe pour éviter les fuites d'huile et tourillonne sur des roulements à billes. La vis sans fin B commande la roue tangente C, montée sur l'arbre des cames D et D', calées à 90°.

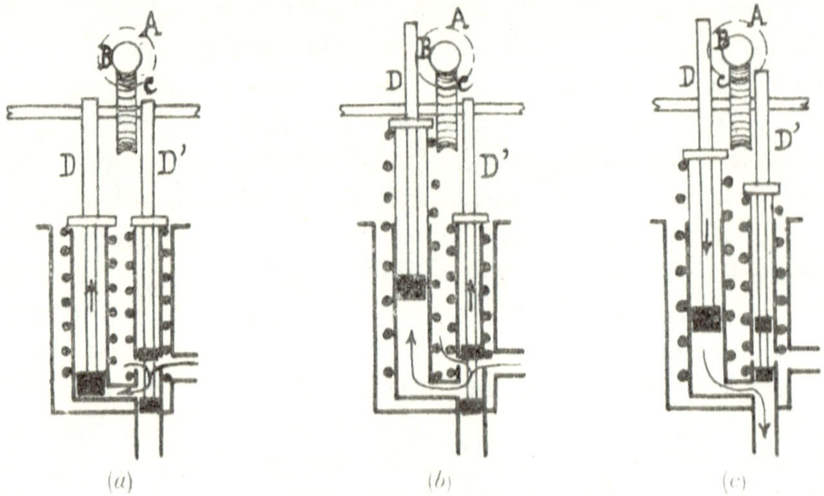

Fig. 58. - Schéma de fonctionnement de la pompe à huile Gnome.

Chaque came commande deux pistons jumelés, rappelés par des ressorts, un groupe fonctionnant comme pistons de pompes, l'autre comme tiroirs. Les trois figures représentées (fig. 58) montrent le schéma du fonctionnement de la pompe :

a. *Le piston monte et le tiroir est immobile.* — L'huile est aspirée du carter, à travers le tiroir, et vient remplir le corps de pompe ;

b. *Le piston est immobile et le tiroir monte.* — L'huile a rempli le corps de pompe et le tiroir vient fermer la communication entre le corps de pompe et l'intérieur du carter.

c. *Le piston descend et le tiroir est immobile.* — L'huile aspirée dans le corps de pompe est refoulée dans la tuyauterie de graissage.

Cherchons le nombre de pulsations qu'on devra compter au viseur, pour un régime de marche du moteur à 1 200 tours. Les données sont :

- Pignon du moteur : 42 dents
- Pignon de la pompe : 24 dents } Rapport : 42/24 = 7/4
- Roue tangente : 25 dents.
- Vis sans fin : 1 filet.

La pompe tournera à une vitesse de :

$$(1\,200 \times 7) \;/\; 4 \;=\; 2100 \text{ tours.}$$

Nous aurons une pulsation pour un tour de la roue tangente, ou 25 tours de la vis sans fin, ou 25 tours du pignon de la pompe. Le nombre de pulsations sera donc, pour 1 200 tours du moteur :

$$2100 / 25 = 84$$

La cloche à huile donnera une pulsation pour une rotation du moteur de :

$$k = 1\,200 / 84 = 14{,}28$$

La consommation horaire d'huile des moteurs Gnome est :

6 litres pour le 50 et le 60 HP

7,5 l., pour le 80 HP.

Pompe des moteurs Rhône

Cette pompe se compose d'un carter plein d'huile amenée par un orifice de gros diamètre, fermé sur une de ses faces par une plaque en cuivre constituant le couvercle de distribution. Il est traversé dans sa partie centrale par un arbre AA' (fig. 59) portant clavetée la vis sans fin V commandée par le pignon B, engrenant avec l'écrou-pignon arrière du moteur qui commande aussi la magnéto.

Cet arbre AA' traverse les parois du carter à travers des roulements à billes et des presse-étoupe. La vis V, en tournant, entraîne la roue tangente T, montée sur un vilebrequin. Sur le maneton de ce vilebrequin est articulée l'extrémité du piston plongeur P, de la pompe, qui parcourt la circonférence OD.

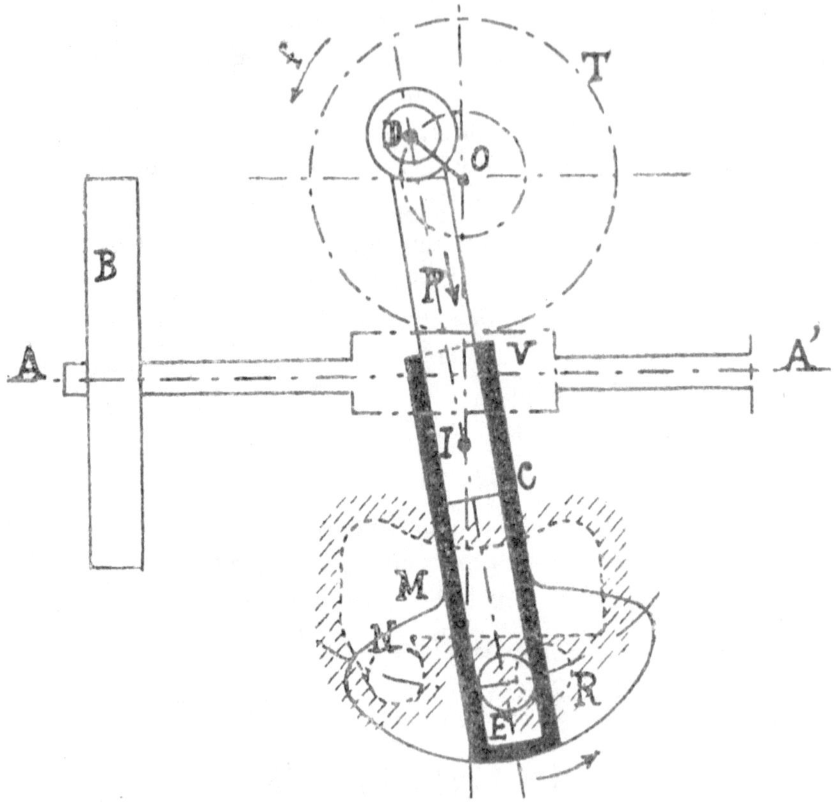

Fig. 59. - Pompe des moteurs "Le Rhône".

Le piston glisse dans le cylindre C qui oscille, autour de l'axe projeté en I, sur deux tourillons pris dans sa masse et logés dans des évidements du carter, d'un côté, du couvercle de distribution, de l'autre. Le cylindre a une partie extérieure parfaitement plane sur laquelle débouche le trou E et qui glisse sur la face intérieure glacée du couvercle de distribution. Celui-ci, fixé sur le carter par goujons et écrous, porte une cavité M, constamment pleine d'huile, qui se prolonge par le petit canal N, dont l'extrémité vient coïncider avec le trou E, à un fond de course d'oscillation du cylindre. Quand E vient sur N, le piston monte et l'aspiration d'huile a lieu. La pompe continuant à tourner, le piston descend, le cylindre oscille en sens inverse et le trou E vient correspondre avec l'orifice B, par où se fait l'expulsion de l'huile : le refoulement dans la tuyauterie de graissage a lieu.

Cette pompe sans clapet n'est susceptible d'aucun déréglage.

Cherchons la constante *k* par laquelle il faut multiplier le nombre de pulsations, au viseur, pour avoir la vitesse du moteur : les données sont :

- Pignon du moteur : 36 dents } Rapport : 36/20 = 9/5
- Pignon de la pompe : 20 dents }
- Roue tangente : 50 dents.
- Vis sans fin : 1 filet.

Une pulsation correspond à un tour de la roue T, à 50 tours de la vis sans fin V, à 50 tours du pignon B de la pompe, ou à (50 × 5) / 9 = 27,777 tours du moteur.

$$k = 27{,}777$$

La consommation horaire d'huile des moteurs le Rhône est :

- 5 litres pour le 80 HP.
- 7 litres pour le 110 HP.

Pompe du moteur Clerget 80 HP

La pompe à huile est actionnée par le pignon A (fig. 60) engrenant avec l'écrou-pignon arrière du moteur. Sur son arbre est montée la vis sans fin B qui fait tourner la roue C. La bielle D actionne le piston P, à course fixe, portant sur le fond un orifice, obturé par une bille, sous

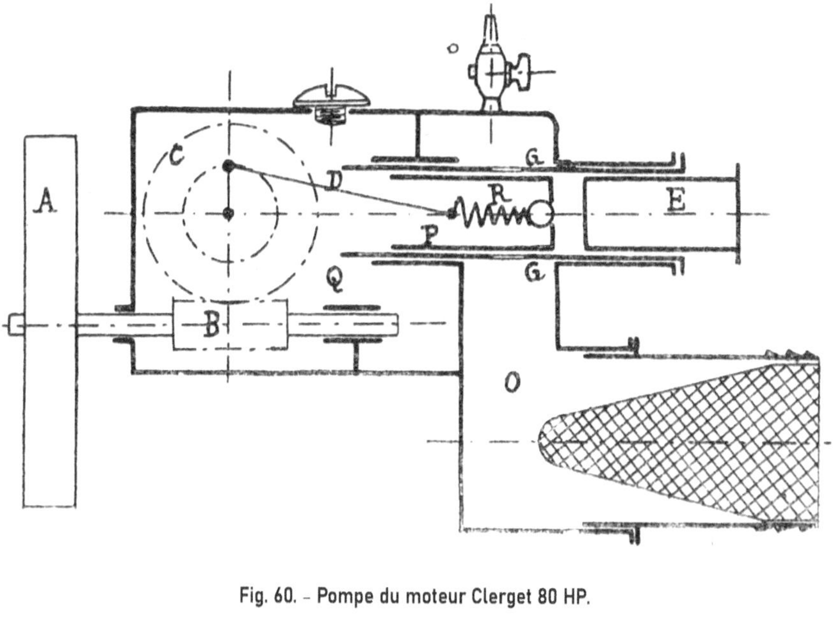

Fig. 60. – Pompe du moteur Clerget 80 HP.

la pression d'un ressort R. Le cylindre G est percé d'orifices sur une circonférence, par lesquels a lieu l'aspiration ; il se visse dans le carter d'une quantité variable, de façon à faire varier la position des orifices. Le fond du cylindre est obturé par un bouchon fileté E qui limite l'espace mort. En vissant le cylindre, le débit est augmenté ; en le dévissant, le débit est diminué.

Le corps de la pompe est à deux compartiments. Celui d'aspiration O possède une tubulure à la partie inférieure, reliée au réservoir d'huile par un tube de fort calibre : au sommet, un robinet permet l'évacuation d'air pour l'amorçage. L'huile est aspirée dans le cylindre, à travers ses orifices, puis refoulée à travers le piston, quand celui-ci a bouché les orifices du cylindre, dans le compartiment Q de refoulement, d'où part la canalisation de graissage.

Pompe du moteur Clerget 120 HP (fig. 61)

Cette pompe, actionnée par le pignon A engrenant sur l'écrou-pignon arrière du moteur, est à piston et à débit réglable. La vis sans fin B engrène avec la roue tangente C, donnant le rapport de vitesse de 100 tours du moteur pour sept coups de pompe. L'arbre de la roue C porte deux excentriques ; celui de gauche, en glissant sur un épaulement faisant partie du piston, lui imprime un mouvement de va-et-vient, étant constamment appuyé contre l'excentrique par le ressort R, guidé par la broche D. En remontant, l'épaulement vient buter contre l'extrémité de la vis moletée V, arrêtée par un écrou (non visible sur la figure).

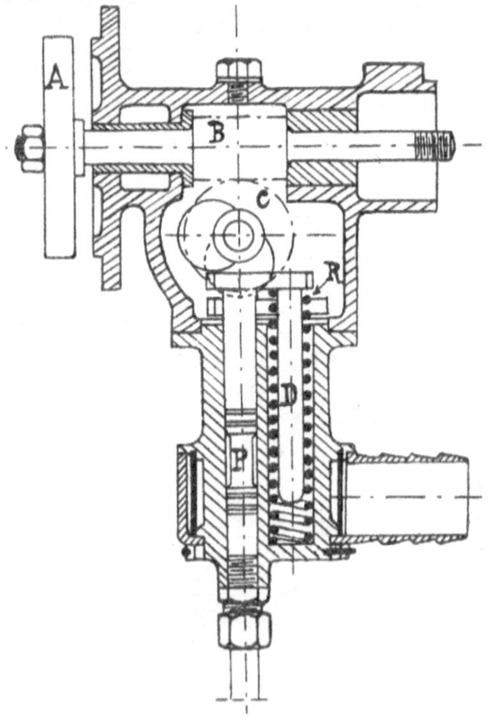

Fig. 61. - Pompe du moteur Clerget 120 HP.

Suivant la position, la course de remontée du piston varie et donne, de ce fait, un volume variable augmentant avec la course. La distribution s'effectue par le piston distributeur P, actionné comme le piston par le deuxième excentrique.

La course du distributeur est constante. Une vis à la partie supérieure du carter permet l'évacuation d'air, pour l'amorçage.

La constante *k* a pour valeur :

$$k = 14{,}3 / 10 \text{ pour le 80 et le 120 HP}$$

Le refroidissement par l'air

Les moteurs à explosion n'ont guère un rendement supérieur à 20%. La quantité de chaleur non transformée en travail constitue des pertes qui peuvent se répartir ainsi :

- 30 % des calories sont entraînées par l'échappement.
- 10 % sont absorbées par les résistances passives, en particulier les frottements.
- 40 % sont perdues par les parois.

Il a été reconnu qu'un rotatif exigeait pour sa rotation 10 % de sa puissance, par la résistance qu'il offre à l'air pour son mouvement. Sa puissance disponible se trouve donc diminuée d'autant sur le rendement de 20 % que l'on pouvait espérer ; mais cette diminution n'a pas lieu en pure perte, car le brassage énergique de l'air par les cylindres constitue un refroidissement automatique.

Il faut donc absorber les 40 % de chaleur perdue en les évacuant à l'extérieur à travers les parois. On comprend dès lors l'influence de la nature des parois et leur importance sur le rendement thermique : des parois minces se laissent traverser rapidement par la chaleur et diminuent au temps moteur la quantité de chaleur transformée pour le mouvement ; des parois épaisses, au contraire, ou mauvaises conductrices, forment volant de chaleur ; elles ne transmettent pas instantanément la chaleur d'explosion au milieu réfrigérant, mais restituent même une partie de cette chaleur au temps de compression. Le combustible est mieux utilisé, d'où diminution de la consommation et augmentation du rendement.

Si nous considérons un corps chaud exposé à l'air, la perte de chaleur qu'il subit est de deux sortes :

1. - Il y a échauffement des molécules d'air en contact direct, avec lui. Si cet air a une certaine vitesse, le refroidissement obtenu est grand, s'il est immobile, le refroidissement est nul ;

2. - Il y a rayonnement de chaleur de tous côtés, qui passe à travers l'air sans réchauffer sensiblement, mais qui échauffe les corps solides atteints par ses rayons.

De ces deux modes de dispersion de chaleur, on n'utilise que l'échauffement direct des molécules d'air, le rayonnement se contrariant d'une paroi à l'autre voisine.

Dans l'intérieur du corps, la chaleur se déplace comme un courant d'eau qui s'écoulerait de la source chaude de température t, à la source froide de température t' Le refroidissement sera d'autant plus efficace que cet écoulement sera rapide, c'est-à-dire que :

- La surface s sur laquelle il s'exerce est plus grande ;
- L'épaisseur des parois e est plus faible ;
- La différence $t - t'$ des températures est plus grande ;
- Le pouvoir émissif k de la surface est grand.

La chaleur Q, transmise à travers une paroi, est donc de la forme :

$$Q = kS \, ((t - t') / e)$$

avec $k = 25$ à 30 pour l'acier.

De toutes ces considérations, il résulte qu'on devra augmenter la surface de refroidissement en garnissant les cylindres d'ailettes, sur toute leur surface extérieure. On pourrait étudier mathématiquement le profil à leur donner, d'après les données précédentes ; cette forme théorique, qui donne des arcs de parabole et des angles vifs, est approchée dans la pratique comme l'indique la figure 62. La surface de refroidissement se trouve ainsi augmentée de cinq fois environ, ce qui donne un refroidissement suffisant, et de deux façons différentes, pour un rotatif monté sur appareil :

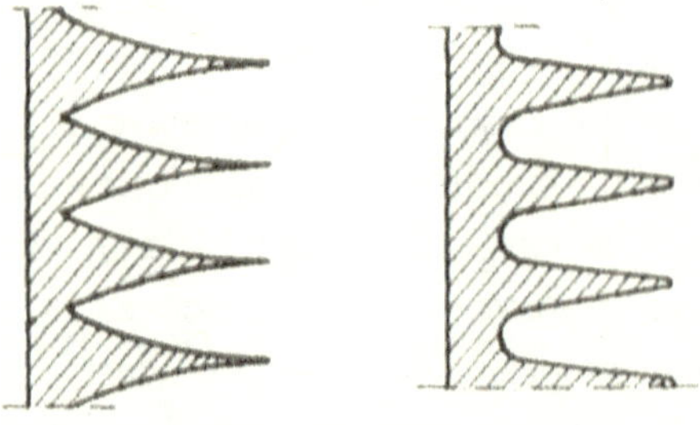

(a) (b)

Fig. 62. - Ailettes de refroidissement : (a) profil théorique ; (b) profil pratique.

1. - Par rotation des cylindres ;
2. - Par l'avancement du moteur dans l'air.

Causes et effets d'un mauvais refroidissement

Pour que le refroidissement ait lieu d'une façon convenable, il faut que les 40 % environ de calories perdues par les parois soient transmises à l'air ambiant et que cet air soit sans cesse renouvelé. Un refroidissement insuffisant peut provenir de diverses causes :

1. - D'un *mauvais réglage du moteur* par une phase d'échappement trop réduite, l'évacuation des gaz se faisant d'une façon incomplète ou par du retard à l'allumage ;

2. - D'une *mauvaise carburation par excès d'essence.* Le mélange fuse au lieu d'exploser et dégage une grande quantité de chaleur pendant toute la phase de détente. De plus, il se produit une grande quantité de résidus de combustion qui se déposent dans la chambre d'explosion, les fonds des pistons et les soupapes ; ces dépôts sont portés à l'incandescence pendant la plus grande partie du cycle, sinon constamment, auquel cas l'auto-allumage se produit ;

3. - D'un *mauvais capotage du moteur.* Il y aurait intérêt à enfermer complètement le moteur' sur un aéroplane, afin de mieux le fuseler. Mais le rotatif ne peut se prêter à celte pratique pour la double raison qu'il échappe à l'air libre et que l'évacuation des gaz, loin du moteur, doit être immédiate et que l'air ambiant doit être constamment renouvelé.

Cependant, pour éviter les projections d'huile et donner à l'appareil sur lequel il est monté une meilleure forme à la pénétration, on établit un capotage qui doit satisfaire aux conditions précitées et assurer un refroidissement suffisant du moteur.

4. - D'une *insuffisance de graissage.*

Un moteur fonctionne normalement dans les limites assez restreintes de température. S'il est trop froid, des ratés de carburation se produisent, s'il est trop chaud, il advient :

1. - Un *mauvais remplissage de la cylindrée.* — L'échauffement des cylindres se transmet au carter, par suite aux gaz frais qu'il renferme. Ceux-ci diminuent de densité, en se dilatant, et le remplissage de la cylindrée a lieu dans de mauvaises conditions, d'où perte de puissance et diminution du rendement.

2. - Un *déréglage du moteur.* — Les dilatations des soupapes et de tous leurs organes de commande font varier le réglage dans d'assez fortes proportions pour que le rendement du moteur s'en ressente.

3. - De *l'auto-allumage.* — Les dépôts charbonneux de la chambre d'explosion ainsi que les pointes trop aiguës des bougies peuvent rester à l'incandescence et provoquer des explosions prématurées, avant la fin de la compression, par suite donner une marche irrégulière au moteur.

4. - Une *fatigue exagérée des organes.* — Les divers organes étant soumis à des températures trop élevées, le métal supporte mal les efforts imposés pendant le fonctionnement du moteur. Les pièces se déforment, se voilent, se matent ou s'ovalisent et remplissent mal leur fonction. Le graissage devient insuffisant et le grippage à bref délai entraîne forcément la rupture des pièces, paralysant la marche du moteur.

Chapitre VII

Étude technologique

Tous les rotatifs actuels présentent une grande analogie dans leur constitution. Ils comprennent principalement : un *carter*, en deux parties assemblées, tournant sur un *vilebrequin*. Le carter est fermé d'un côté par la *flasque de distribution*, de l'autre par la *flasque de butée*.

Sur le maneton est articulé l'*embiellage* ou ensemble des bielles qui guident chacune un *piston*, dans un *cylindre*, par l'intermédiaire d'*obturateurs* ou segments qui empêchent le passage des gaz de la chambre de compression au carter. Une *distribution* permet la réalisation du cycle, par la commande appropriée des *soupapes*. L'énergie disponible est prise sur le *nez* du moteur.

Nous allons passer en revue les organes offrant quelques particularités.

Les matériaux entrant dans la constitution d'un tel moteur doivent être de première qualité et répondre aux conditions de résistance imposées pendant le fonctionnement, afin de prévenir tout danger de rupture en marche.

L'usinage devra être précis et soigné, les jeux rigoureusement observés. Le montage exigera des soins tout particuliers de précision et de propreté et toute pièce présentant la plus petite défectuosité sera proscrite. En un mot, le moteur ne souffrira aucune médiocrité et rien ne devra être négligé qui porte préjudice à la parfaite réalisation en faveur du prix de revient.

Le carter

Le carter constitue une masse tournant sur le vilebrequin par l'intermédiaire de roulements à billes. Il est soumis à des efforts puissants dus à la force centrifuge de sa masse, auxquels s'ajoutent ceux développés par la rotation de tous les organes qui s'y rattachent. Il doit être parfaitement équilibré pour ne pas donner lieu à des vibrations : s'il est travaillé sur toutes ses parties, l'équilibrage pourra être parfait ; mais souvent, pour diminuer le travail d'usinage, des parties restent brutes ; il est alors nécessaire de vérifier son équilibrage et de le rendre parfait soit en enlevant de la matière, soit en vissant à l'intérieur des masses d'équilibrage.

Le carter peut être d'une seule pièce tirée d'un bloc d'acier matricé ou en deux pièces, dans le but de faciliter le montage des cylindres. Il est alors nécessaire que les deux coquilles assemblées par boulons, après dressage des faces en contact, soient très exactement repérées et qu'à un remontage toute erreur soit impossible : ce résultat est obtenu très simplement par des goujons fixés sur la face d'assemblage d'une des coquilles, rentrant sans jeu dans des trous en regard de l'autre coquille.

Un guidage assez long doit être réservé pour l'emmanchement des cylindres. Les flasques boulonnées des deux côtés (distribution et butée) seront encastrées dans un logement circulaire concentrique ménagé sur les faces du carter, peur un centrage parfait. Les goujons de fixation des flasques se vissant dans des épaisseurs relativement faibles seront vissés à force, dans les trous filetés du carter, et arrêtés par rivetage ou coups de pointeau.

Le vilebrequin

Le vilebrequin constitue l'axe de rotation du moteur. Son rôle est triple :

1. - Il sert de pivot. — Toute la masse tourne en effet autour de son axe. La fixation du moteur, généralement en porte à faux, se fait eu deux points de sa longueur : l'un au moyen de volant, claveté sur lui, l'autre à son extrémité, à l'aide d'une collerette rattachée aux longerons par des tubes rivés, constituant la patte d'araignée.

2. - Il sert de tuyauterie d'admission. — Le carburateur est fixé en bout par un écrou à deux pas contraires et les gaz le traversent

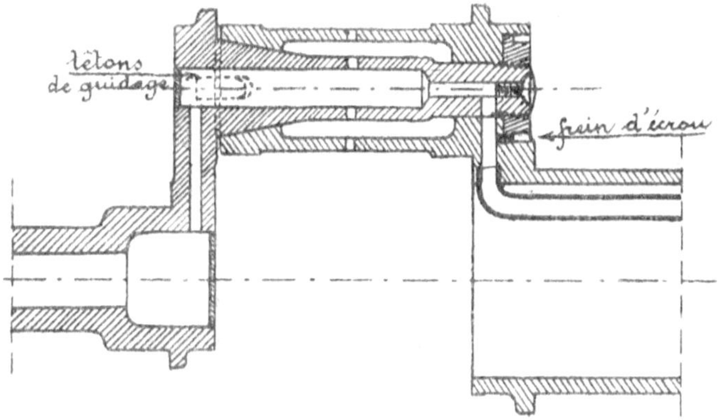

Fig. 63. – Assemblage par cône circulaire.

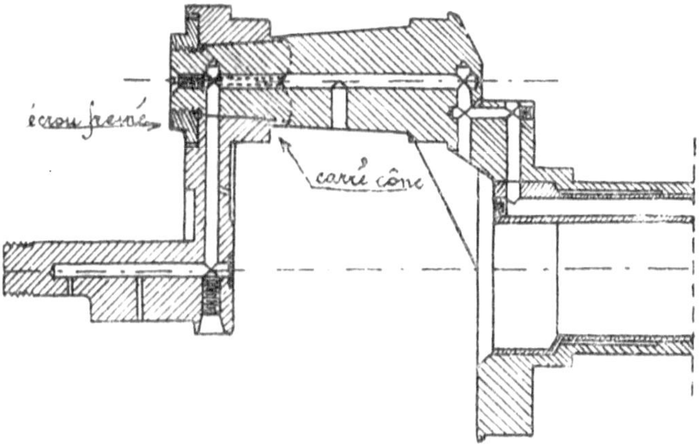

Fig. 64. – Assemblage par cône carré.

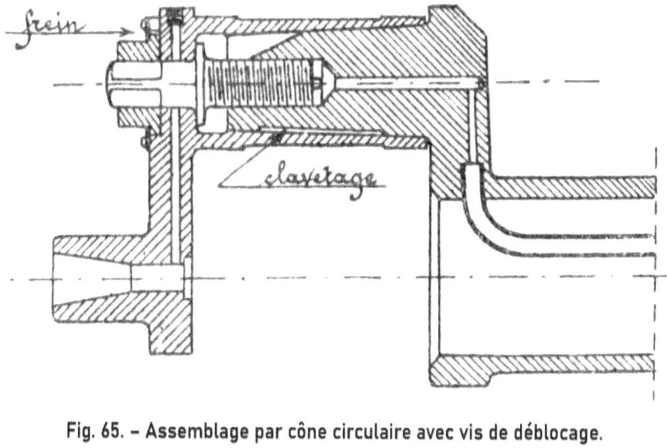

Fig. 65. – Assemblage par cône circulaire avec vis de déblocage.

pour déboucher dans le carter. Il est donc très évidé et constitue un tube de fort diamètre très résistant.

3. - Il sert de tuyauterie d'huile. — Les tubes collecteurs recevant l'huile de la pompe sont logées dans son alésage et aboutissent à des trous perforés dans ses bras, son maneton et dans le contre-coude. Ces trous constituent une canalisation continue qui effectue la distribution d'huile par des orifices débouchant à la périphérie.

A lin de pouvoir monter l'embiellage, le vilebrequin est en deux parties et l'assemblage a lieu au maneton par partie conique, à base circulaire ou carrée, serrée par un écrou comme l'indiquent les figures 63, 64, 65.

Il est inutile d'insister sur l'importance dans la précision de cet assemblage qui doit donner la coïncidence parfaite des axes avant et arrogé du moteur.

Butée à billes

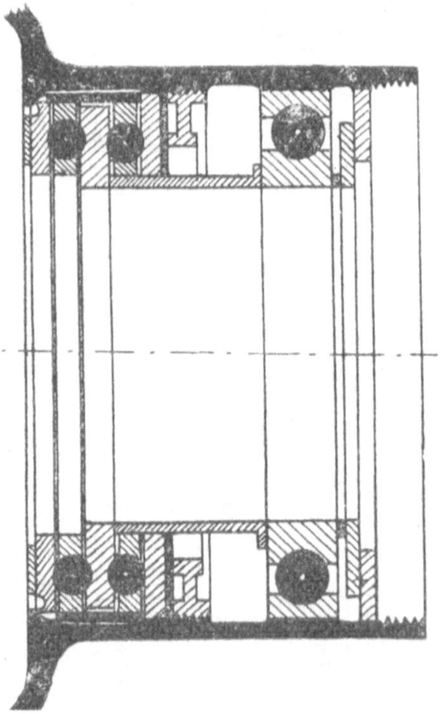
Fig. 66. - Butée à billes.

La butée à billes a pour but de vaincre l'effort développé par la traction ou la poussée de l'hélice, qui tend à tirer le moteur vers l'avant ou à le pousser vers l'arrière, suivant que l'hélice est tractive ou propulsive.

La butée doit donc être double. Elle est logée dans la Basque de butée et comprend deux cages à billes qui roulent entre des rondelles en acier portant les chemins de roulement. La figure 66 donne un exemple de butée à billes.

L'embiellage

C'est le problème de l'articulation de plusieurs têtes

de bielles sur un même maneton. Un embiellage convenablement établi doit satisfaire aux conditions suivantes :

1. - Assurer la liaison complète de la bielle au maneton de façon que l'entraînement soit certain.

2. - Offrir une surface de contact suffisante entre les deux organes de façon que la pression unitaire ne soit pas élevée, au point de provoquer l'expulsion de l'huile et d'empêcher le graissage.

3. - Donner une liberté complète de rotation aux bielles sans qu'elles se gênent mutuellement.

4. - L'axe d'une bielle doit constamment passer par l'axe du maneton, afin de ne pas créer d'effort anormal sur les bras du vilebrequin.

Étudions les dispositions adoptées.

Embiellage Gnome

L'embiellage Gnome comprend une bielle maîtresse (fig. 67) articulée sur le maneton du vilebrequin par deux roulements à billes. Les six biellettes 2 2', 3 3'..., 7 7' sont articulées sur des axes fixés entre les joues

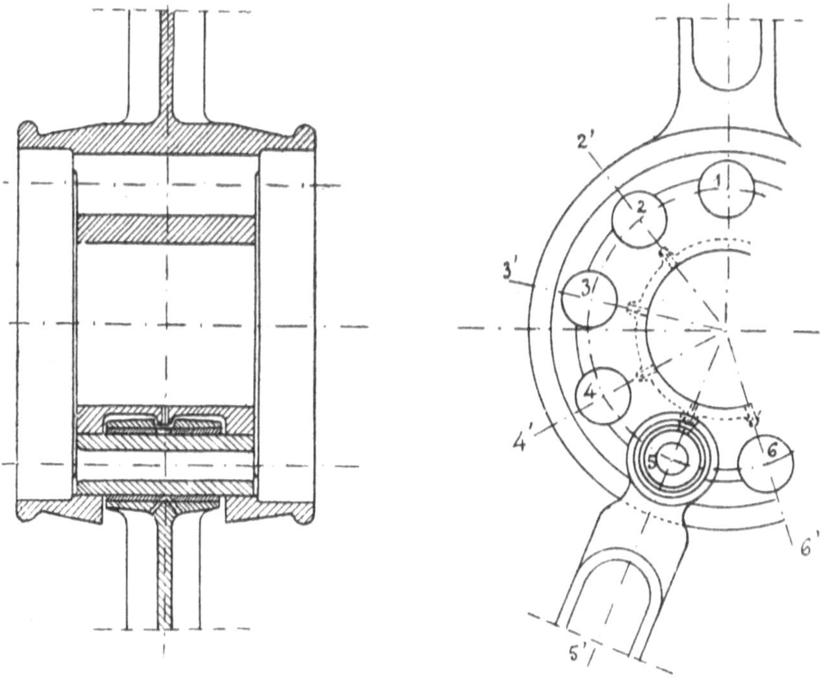

Fig. 67. - Embiellage Gnome.

de la bielle mère, ce qui leur permet une oscillation suffisante. Elles sont symétriques, presque semblables aux deux extrémités, l'extrémité du piston étant un peu plus large ; elles s'assemblent par des axes creux ergotés.

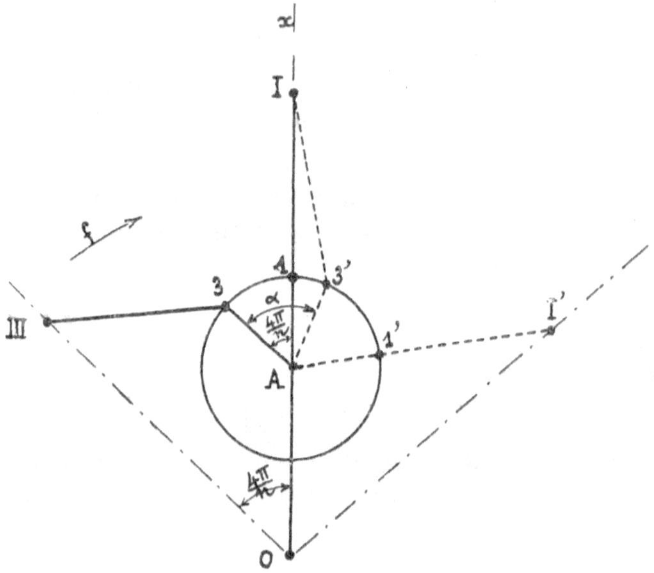

Fig. 68. - Épure montrant les variations des déplacements angulaires des pieds de bielle.

Considérons un tel système d'embiellage à bielle maîtresse (fig. 68), O étant l'axe du moteur, A l'axe du maneton, les biellettes étant articulées sur la circonférence A1. Supposons le cylindre I, portant la bielle-mère, à l'allumage, sur l'axe O*x* ; celui qui allumera ensuite sera le cylindre III (le moteur tournant dans le sens de la flèche *f*) et I sera venu en I' tel que :

$$\angle IOI' = \angle IIIOI = 4\pi / n$$

1 sera venu en 1' sur la circonférence A1, 3 en 3' tel que :

$$\angle 1'A3' = \angle 1A3 = 4\pi / n$$

et $\angle 3A3' = \alpha$ avec $\alpha > 4\pi / n$

La position de la biellette, au moment de l'allumage du cylindre III, sera 1 3' ; sa tête sera donc décalée dans le sens du mouvement.

Si cet embiellage est simple, il ne réalise pas la quatrième condition signalée plus haut : les axes des biellettes ne passent pas par l'axe du maneton d'où les inconvénients suivants :

- Efforts anormaux sur le vilebrequin, se traduisant par un couple dans le sens de la flèche *f* (fig. 69).
- Inégalité des courses des pistons ainsi qu'on peut se rendre compte par une simple épure.
- Inégalité des durées des mêmes phases du cycle pour les divers cylindres.

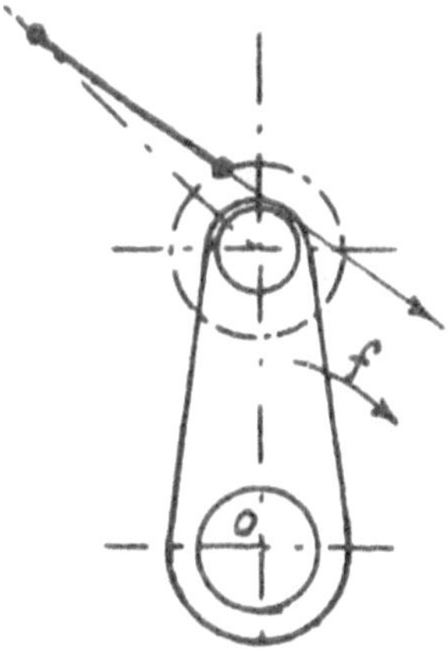

Fig. 69. - Efforts anormaux dans l'embiellage à bielle-mère.

Donc, avec un tel embiellage, le moteur Gnome ne tourne théoriquement pas rond. Mais, vu la grande masse tournante, les irrégularités de marche, périodiques tous les deux tours, sont insignifiantes et pratiquement nulles.

On a remédié en partie à ces inconvénients en choisissant les points d'articulation des biellettes, sur la bielle-mère, de façon à obtenir une course sensiblement égale, pour tous les cylindres, sans tenir compte de l'égalité des écartements 2' 3', 3' 4', ...7' 1'.

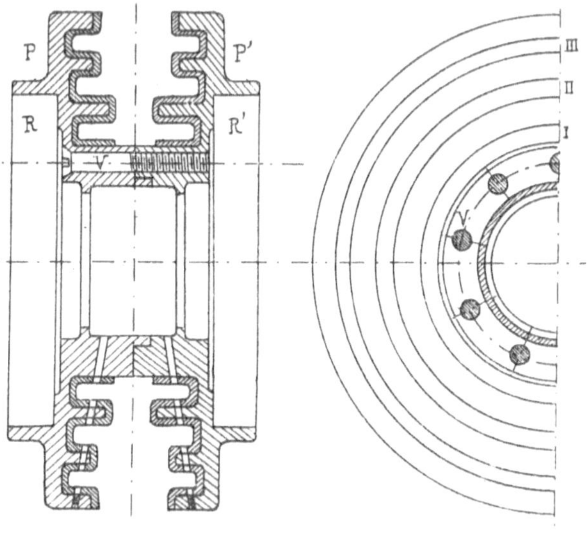

Fig. 70. - Coquilles assemblées de l'embiellage "Le Rhône".

Embiellage « Le Rhône »

L'embiellage des moteurs « Le Rhône » se compose de deux coquilles P et P' (fig. 70) tournant sur le maneton par deux roulements à billes R, R'. Elles sont serrées l'une contre l'autre et rendues solidaires par des vis V qui traversent et centrent en même temps la tête de la bielle-mère qui oscille avec les coquilles. P et P' portent chacune trois gorges circulaires, gainées de bronze, dans lesquelles coulissent les têtes des biellettes.

À chaque gorge correspond un type de biellette dont la tête est constituée par un talon s'ajustant, dans la gorge correspondante, et dont les extrémités sont taillées et échancrées comme le montre la figure 71, de façon à intéresser un plus grand arc de circonférence.

La gorge I (fig. 70) guide deux biellettes ; les gorges II et III en guident chacune trois identiques et se partagent le pourtour avec un espace suffisant, entre les extrémités conjuguées des talons, pour permettre la libre oscillation.

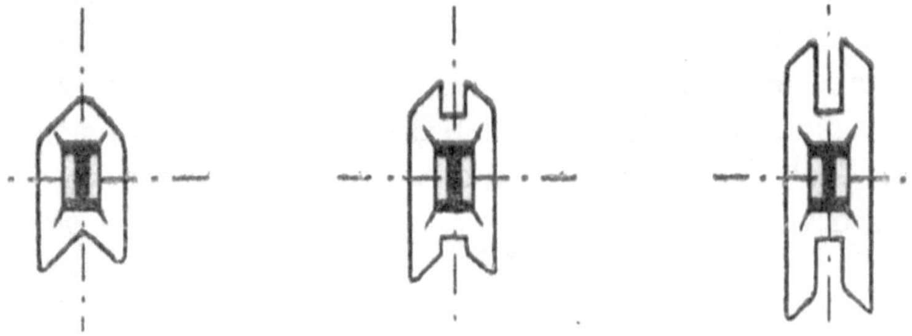

Fig. 71. – Talons de bielles du moteur "Le Rhône".

Cet embiellage a été modifié par la suppression de la bielle-mère. Chaque gorge reçoit alors trois bielles identiques à petits talons, à moyens talons et à grands talons (fig. 71).

Ce système d'embiellage remplit toutes les conditions requises mais est d'une construction difficile et précise.

Le piston

Le piston d'un moteur à explosion a un rôle triple :

1. - Il constitue la paroi mobile de la chambre où évoluent les gaz.

2. - Il reçoit directement la pression de ces gaz et transmet les efforts à la bielle.

3. - Il sert de guidage au pied de bielle.

Tout piston devra être léger, sans nuire toutefois à sa robustesse, afin de diminuer les effets d'inertie et de force centrifuge qu'il fait naître par son mouvement. Dans ce but, l'aluminium et l'acier embouti ont fait l'objet de recherches, mais pour le rotatif toutefois l'aluminium seul a été employé dans quelques cas. Les pistons sont généralement en fonte spéciale, très douce et homogène, qui autorise des épaisseurs assez faibles et donne un bon frottement.

Le diamètre du piston ne peut être, comme dans tout moteur, le même que celui du cylindre, à cause des différences de dilatations; l'emploi des segments s'impose donc.

La longueur du piston est subordonnée à trois conditions. Elle doit être suffisante :

a. Pour que la pression unitaire entre les surfaces frottantes ne soit pas élevée au point de chasser l'huile de graissage. On adoptera comme valeur courante 25 grammes par millimètre carré.

b. Pour que le guidage dans le cylindre soit assuré, sans avoir à craindre un coincement du piston, ce qui pourrait entraîner sa rupture.

c. Pour permettre de loger sur sa longueur le nombre de segments nécessaires à une parfaite obturation.

À leur passage vers le point mort bas, les bielles font entre elles l'angle minimum et les pistons sont, au bas des cylindres, desquels ils sortent sur une partie de leur longueur. Les cylindres étant très rapprochés, les pistons viennent se rencontrer et il est alors nécessaire de les échancrer,

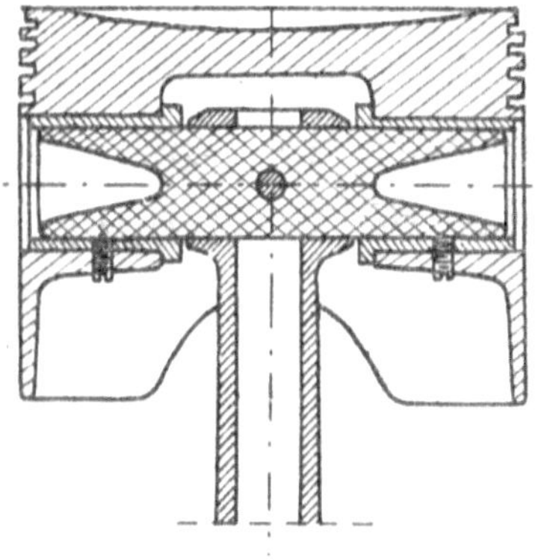

Fig. 72.

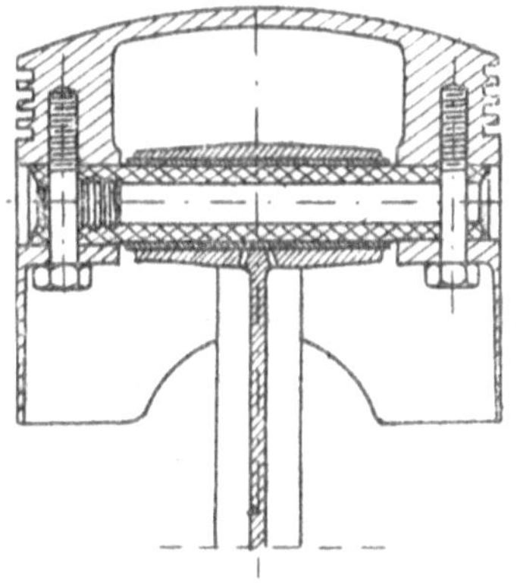

Fig. 73.

Montages d'axes de pistons.

afin qu'ils ne se gênent pas mutuellement dans leur mouvement. Cette échancrure aura son axe dans le plan de rotation de l'axe des bielles et on aura le choix pour le côté. On aura intérêt à la placer du côté opposé à la rotation, de façon à laisser la plus grande surface possible de frottement au moment où se produisent les plus grandes réactions latérales.

Les figures 72 et 73 indiquent des exemples de montage des axes des pistons. Le moteur Gnome présente sur ce point une particularité, à cause de sa soupape automatique. Le piston est fixé entre la soupape et la chape (fig. 74) : il porte sur le fond un trou circulaire lisse dans lequel vient s'engager la chape où s'articule la bielle ; un petit ergot fixé dans cette chape détermine sa position par rapport au piston, de telle sorte que l'axe de l'échancrure soit situé dans le plan d'oscillation de la bielle.

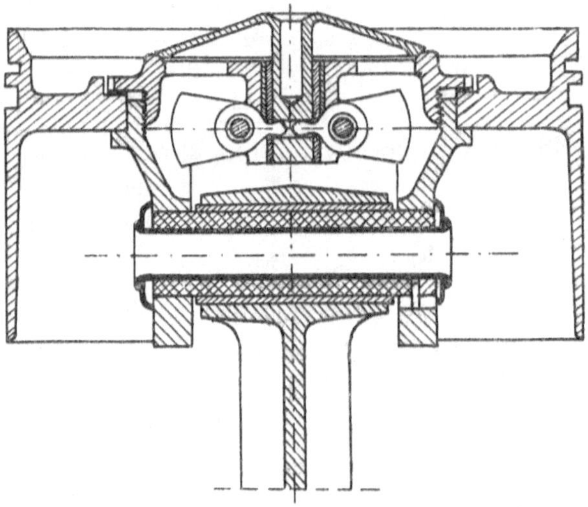

Fig. 73. - Disposition Gnome avec soupape automatique sur le fond du piston.

L'obturation

Le problème de l'obturation, ou l'opposition au passage des gaz de la chambre d'explosion au carter, présente pour le rotatif un caractère particulier.

Tout d'abord, il n'a, dans les fixes, d'autre conséquence qu'un abaissement de la pression très préjudiciable aux périodes de compression et de détente. Dans le rotatif, en outre, les gaz de la chambre de compression viennent se mélanger aux gaz frais du carter et en diminuer la richesse, quand la fuite a lieu pendant la course de détente. Pour obtenir des pièces légères et résistantes, l'emploi des aciers à haute résistance s'est imposé dans la réalisation des cylindres jusqu'alors en fonte. Les cylindres des rotatifs sont en acier avec une épaisseur de quelques millimètres aux parois, renforcée par les ailettes de refroidissement, jouant le rôle de frettes. L'emploi courant des segments en fonte présente alors quelques difficultés :

1. - Le frottement fonte sur acier n'est pas merveilleux, ne vaut pas celui de fonte sur fonte par exemple. Le segment s'use rapidement et risque de provoquer des grippages.

2. - Vu les faibles épaisseurs du piston et aussi leur longueur restreinte, imposée pour éviter leur pénétration vers le bas du cylindre, on est conduit à employer des segments de dimensions réduites, en épaisseur et largeur, surtout si on veut en placer suffisamment pour obvier aux fuites par les coupures. De tels segments en fonte présentent peu de bande et l'obturation est compromise.

Les recherches ont été longues et la mise au point des dispositions adoptées a retardé l'apparition de certains rotatifs.

Disposition Gnome

Un obturateur A, en laiton, de section en L (fig. 75) est logé sur la partie haute du piston et maintenu, par une de ses ailes, dans une encoche. La portance sur la paroi du cylindre est obtenue :

- Par l'action des gaz, dont la pression a pour effet d'appuyer l'obturateur sur la paroi, celui-ci agissant comme un cuir embouti.
- Par l'action d'un segment en fonte B de dimensions très réduites.

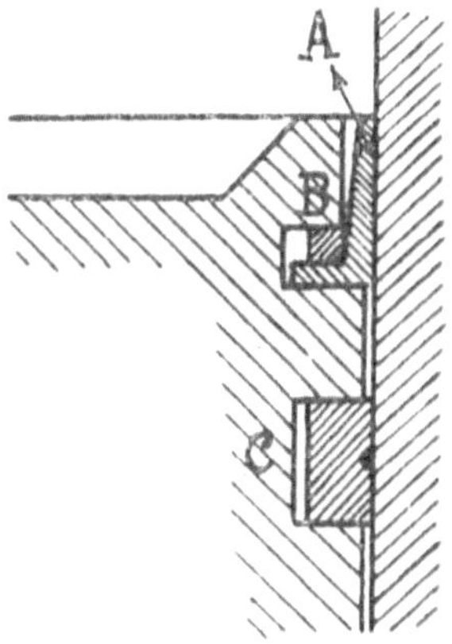

Fig. 74. - Obturation Gnome.

Un deuxième segment en fonte C complète l'obturation et augmente le guidage du piston.

L'inconvénient de cette disposition réside dans la fragilité de l'obturateur. S'il n'est pas parfaitement rodé, la pression des gaz, au lieu de l'appliquer contre le cylindre, tend à le resserrer et à aggraver la fuite.

Le laiton s'use rapidement surtout aux hautes températures auxquelles il est porté à l'explosion. Il finit par brûler en certains points, rendus plus faibles par usure, et une fuite importante se produit le long du cylindre provoquant un « coup de chalumeau » qui grippe instantanément et entraîne l'arrêt du moteur.

Disposition Glerget

Elle comprend un obturateur semblable à celui du Gnome, mais doublé d'un second, dans le but de diminuer la fuite par la coupure (fig. 76). L'obturateur intérieur B s'appuie sur l'obturateur extérieur A, par la pression des gaz et par un petit segment en fonte C. B est percé de trous sur son pourtour pour que l'action des gaz s'exerce aussi directement sur A. Trois petits segments en fonte sont logés plus bas dans des gorges du piston.

Des essais ont été faits avec un seul obturateur en alliage argent-laiton et on s'est arrêté à l'obturateur double en cet alliage.

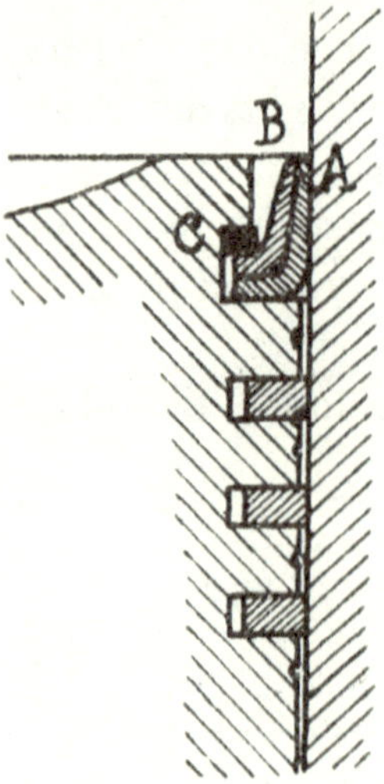

Fig. 76. - Obturateur Clerget.

Disposition "Le Rhone" (fig. 77)

Dans le cylindre est emmanchée à la presse une chemise en fonte sur laquelle frottent quatre segments en acier spécial, très résistant et élastique, dont la constitution est analogue à celle des aciers rapides. La bande est très forte et cette disposition donne de bons résultats. Toutefois, la chemise en fonte s'use et la moindre parcelle de matière dure qui est entraînée par les segments raye le cylindre.

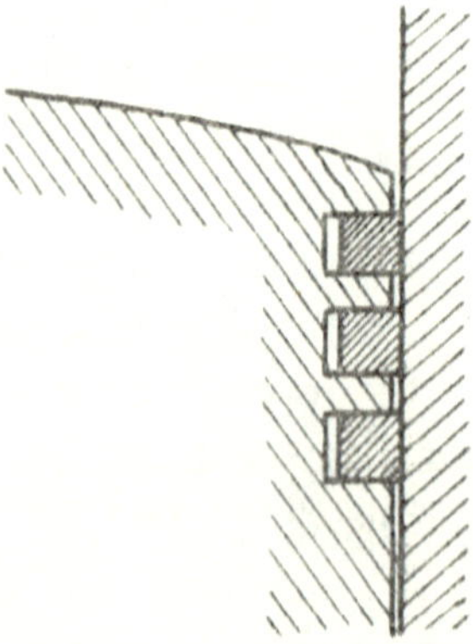

Fig. 77. - Obturation "Le Rhône".

Le cylindre

Les cylindres sont en acier pris dans la masse. Pour l'équilibrage parfait du moteur, l'usinage complet des cylindres s'impose afin de les obtenir tous absolument identiques ;

car il ne suffit pas qu'ils aient le même poids, mais que la répartition de la matière soit identique pour tous. De cet usinage total, il résulte que la forme de la chambre d'explosion, dont l'importance est considérable, sera simple.

Les ailettes de refroidissement, prises dans la masse, sont obtenues au tour, sur la surface cylindrique, et constituent de véritables nervures qui augmentent considérablement la résistance de la paroi et empêchent l'ovalisation du cylindre.

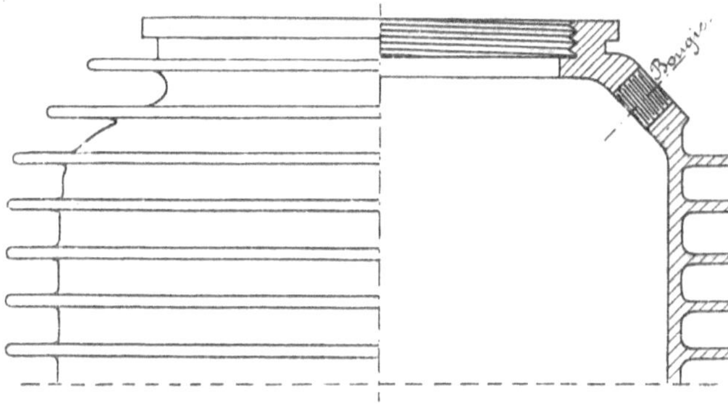

Fig. 78. - Partie supérieure de cylindre Gnome.

Les sièges des soupapes sont pris directement sur le fond du cylindre ou rapportés par vissage : ces derniers ont l'avantage de permettre le démontage de la soupape sans avoir à démonter le cylindre. Il faut que l'axe des soupapes soit concourant à l'axe du moteur et situé dans le plan de rotation de l'axe des cylindres, ou dans un plan parallèle. De cette façon, la force centrifuge les appuie naturellement sur leur siège, sans effort oblique.

Pour le vissage des bougies, on est dans l'obligation de ménager une épaisseur ; ce renfort est pris dans la masse, ce qui augmente le travail d'usinage, ou est rapporté à l'autogène : ce dernier procédé a l'inconvénient de chauffer très fortement le cylindre en un point, ce qui peut entraîner sa déformation et crée un travail moléculaire intense du métal dont les qualités peuvent être altérées.

Il y a intérêt, au point, de vue de l'encombrement, de diminuer le plus possible la longueur du cylindre : on est limité par le fait que les cylindres se touchent vers le bas et on gagne autant que possible de longueur en laissant dépasser les pistons des cylindres dans le carter au point mort bas sans toutefois compromettre le guidage. Les figures 78 et 79 nous montrent des coupes de cylindres à sièges de soupapes rapportés.

L'assemblage des cylindres au carter se fait de plusieurs manières, suivant que le carter est d'un seul bloc ou en deux parties.

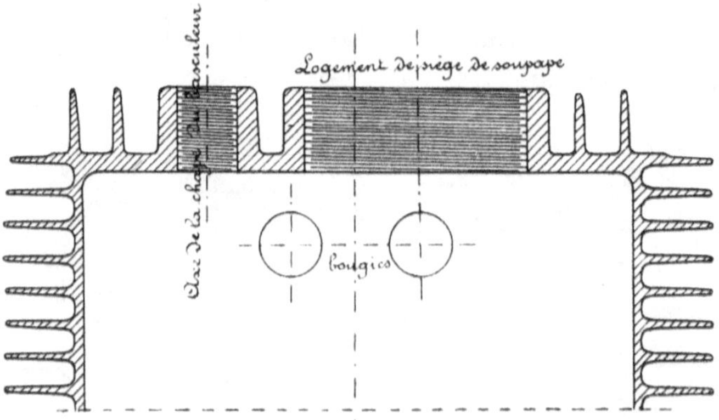

Fig. 79. - Partie supérieure de cylindre Clerget.

La figure (80 *a*) indique le montage adopté sur le 50 HP Gnome dont le carter est en forme d'anneau. Le cylindre est claveté dans le trou pratiqué sur le carter. Un segment intérieur maintenu par deux clavettes de serrage fixe sa position. Ce genre démontage nécessite une grande précision et, si la clavette de guidage n'est pas parfaitement ajustée, le cylindre s'ovalise. Dans les autres types de moteurs Gnome, le carter est en deux pièces et les cylindres sont serrés entre les coquilles ; des joues ménagées sur le cylindre empêchent son déplacement.

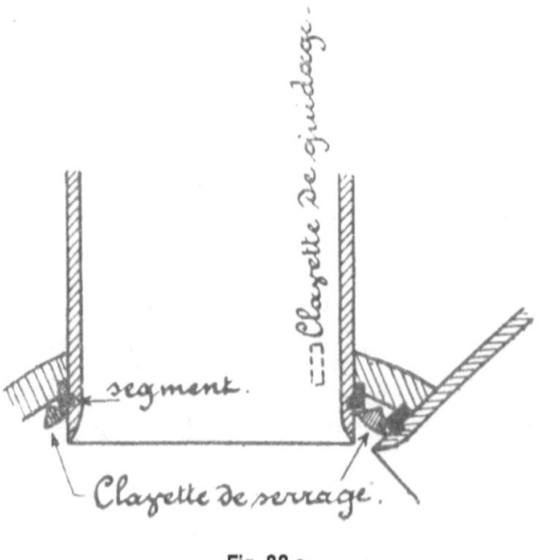

Fig. 80 a.

La figure 80 *b* indique l'assemblage adopté sur les moteurs Le Rhône. Le cylindre est vissé sur le carter d'une longueur suffisante pour prévenir tout arrache-

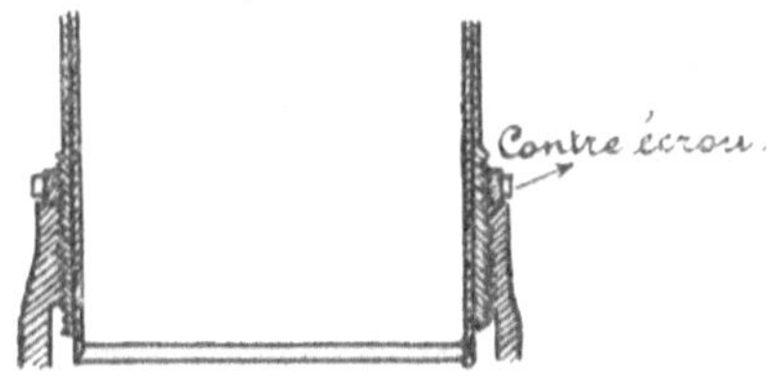

Fig. 80 b

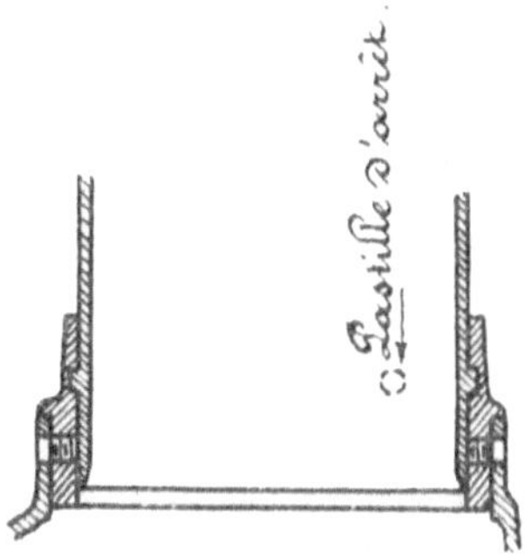

Fig. 80 c

ment. Un contre-écrou maintient le cylindre dans sa position convenable. Il est nécessaire que les filetages soient établis de façon que l'on puisse régler les cylindres exactement à la même longueur.

La disposition adoptée sur les moteurs Clerget (fig. 80 *c*) est analogue à celle des moteurs Gnome ; cependant, dans les derniers moteurs, les cylindres sont vissés.

Organes de commande des soupapes

Les organes de commande des soupapes comprennent, outre les cames, les galets ou taquets qui suivent leur contour, les tiges et les basculeurs de cylindre.

Ces organes, reliés entre eux par des articulations, constituent un mécanisme qui doit satisfaire à plusieurs conditions :

1. - Être réglable, afin d'avoir la possibilité de faire varier le réglage du moteur à volonté et corriger les déréglages provenant de l'usure des pièces.

2. - Donner le moins d'usure possible, afin d'éviter les variations en cours de marché. On aura soin de prévoir le graissage des articulations, celui-ci ne pouvant avoir lieu par la circulation d'huile du moteur.

3. - Ne pas donner passage à l'air, de l'extérieur à l'intérieur du carter, au point où le système traverse le carter, afin de ne pas modifier la composition du mélange explosif.

4. - Être équilibré à la force centrifuge ou tenir compte de son action dans le réglage du moteur.

Les *cames* ont été suffisamment étudiées au chapitre de la distribution pour ne pas avoir à y revenir. Notons cependant qu'elles tournent sur leurs axes par des roulements à billes ou des bagues en bronze afin de donner le moins de frottement possible.

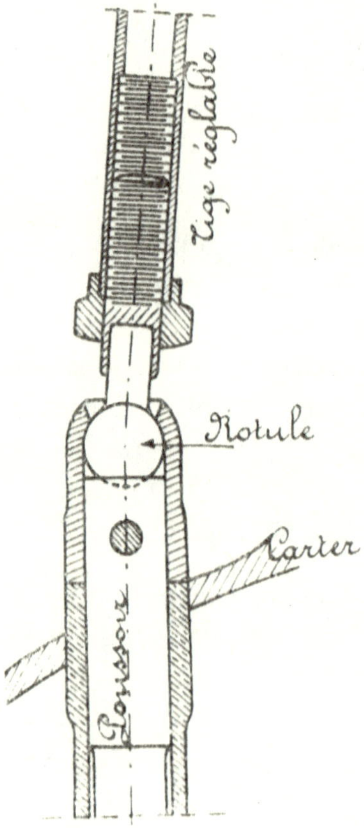

Fig. 81. - Réunion du poussoir à la tige par rotule.

Les galets sont en acier trempé très dur. Ils sont montés à l'extrémité du *poussoir*, terminé en chape, qui coulisse dans une douille en bronze, traversant le carter, formant guidage et presse-étoupe (fig. 81).

Le montage des taquets est identique.

Dans le cas de cames conjuguées (moteur Le Rhône), où la même tige commande l'admission et l'échappement, celle-ci est fixée directement sur le basculeur de carter, portant deux galets, sans l'intermédiaire de poussoir. Elle a un mouvement d'oscillation à son passage à travers la paroi du carter : il faut alors un presse-étoupe spécial (fig. 29).

Les tiges sont en acier à section circulaire pleine ou creuse, avec une extrémité, au moins, filetée pour le réglage en longueur. Dans le cas de la commande par poussoir, l'axe de la tige est oblique par rapport à l'axe du poussoir, et la réunion se fait par rotule (cas de la figure).

Le *basculeur de cylindre* est un levier, oscillant dans une chape ou un palier, fixé sur la partie supérieure du cylindre. L'articulation ne peut guère maintenir l'huile qui est projetée par la force centrifuge ; de plus elle est exposée aux gaz de l'échappement qui empêchent tout graissage. C'est pour cette raison que dans le moteur Clerget, nous trouvons des axes à couteau montés avec de la graisse Belleville et, dans le moteur Le Rhône, des axes montés sur deux roulements à billes logés dans un palier.

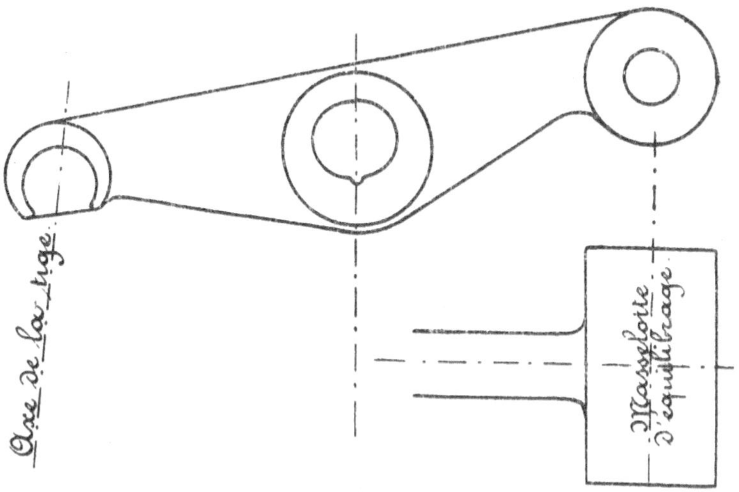

Fig. 82.- Basculeur de cylindre équilibré.

Si le déséquilibre dû à la force centrifuge est trop grand, on est dans l'obligation d'équilibrer le système par des masselottes faisant corps avec le basculeur (fig. 82).

Passage des gaz du carter aux cylindres

Le procédé le plus couramment employé pour amener les gaz frais du carter aux cylindres consiste en l'emploi de tuyauteries amovibles ou *pipes*, fixées extérieurement au cylindre.

Dans le cas où la soupape d'admission est automatique, celle-ci est placée sur le piston (Gnome) et le passage des gaz se fait directement à travers la soupape.

Dans le monosoupape Gnome, le passage est également direct et se fait à travers des orifices ménagés dans le bas du cylindre, que vient découvrir le piston un peu avant la fin de course.

Dans l'emploi des pipes, les règles suivantes sont à observer :

- Éviter les rentrées d'air à l'assemblage sur le carter et le cylindre, en interposant des joints métallo-plastiques.
- Donner à la tuyauterie une section suffisante pour que les pertes de charge ne ralentissent pas la vitesse des gaz et ne nuisent pas au parfait remplissage de la cylindrée.

– Éviter le refroidissement de la tuyauterie pour empêcher la condensation de l'essence : la pipe sera placée dans une zone de courants d'air chaud.
– Permettre la libre dilatation des pipes. Elles se dilatent différemment que les cylindres car elles sont à des températures différentes et constituées de métaux à coefficients de dilatation différents.

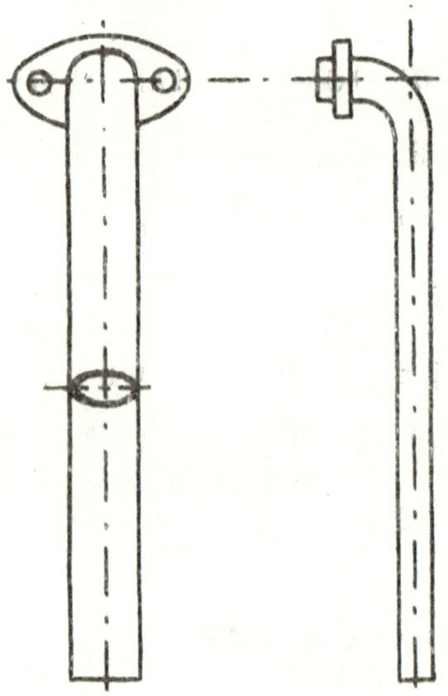

Fig. 83. - Pipe Clerget.

Dans le moteur Clerget, les pipes sont en tube d'acier de section elliptique (fig. 83). Elles sont fixées sur le cylindre par brides et boulons et leur autre extrémité traverse le carter à travers un presse-étoupe, permettant ainsi les dilatations.

Le moteur Le Rhône avait au début des pipes coulées en aluminium avec leurs brides d'attache (fig. 84). Les différences de dilatation causaient de très fréquentes ruptures aux points faibles, c'est-à-dire à la naissance des brides. Elles furent remplacées par des tubulures en cuivre rouge, en deux parties, avec emboîtement ; les brides étaient brasées sur les tubulures. Cette disposition permettait bien les dilatations, mais donnait lieu à des rentrées d'air.

On souda alors les deux parties au joint, mais la dilatation s'effectuant rompait la soudure. Actuellement les pipes employées sont en deux parties, s'emboîtant sur des portées cylindriques, par l'intermédiaire d'un joint en caoutchouc formant presse-étoupe.

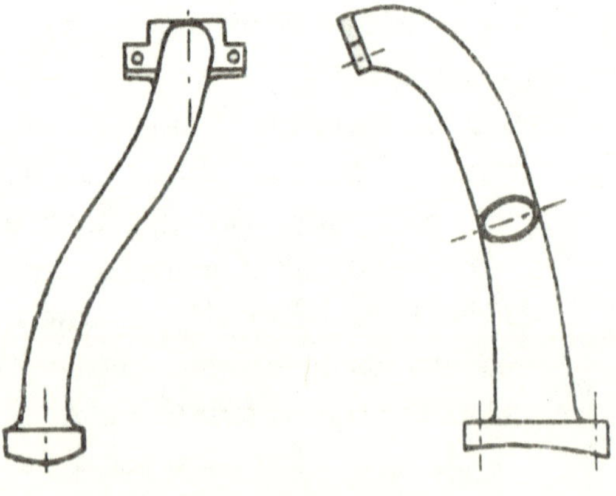

Fig. 84. - Pipe Le Rhône.

Les soupapes

Les soupapes sont les organes qui, par une commande appropriée, permettent à la masse gazeuse d'évoluer pour accomplir le cycle. La soupape d'admission donne passage aux gaz frais du carter dans le cylindre ; elle est commandée ou automatique, et dans ce dernier cas, où le fonctionnement est à la merci du ressort de rappel, la soupape est placée indifféremment sur le cylindre ou sur le fond du piston (disposition Gnome, fig. 74). La soupape d'échappement permet l'évacuation des gaz brûlés et ne peut être que commandée.

On reproche aux soupapes d'être bruyantes et d'étrangler les gaz. Avec des cames bien étudiées on peut atténuer le bruit, mais on ne remédie pas à l'étranglement de la veine gazeuse à cause des difficultés qu'on a de donner à la soupape le diamètre voulu ; car le chemin que parcourent les gaz est forcément sinueux, et l'ouverture et la fermeture se font lentement. C'est pour ces raisons qu'on a recherché, par divers procédés, à remplacer les soupapes.

Toute soupape comprend : une *tête*, dont le bord de portée circulaire s'appuie sur un *siège*, terminée par une *queue*, coulissant dans un *guide* ; elle est constamment appuyée sur son siège par un *ressort de rappel.*

Sur un rotatif en particulier, les soupapes doivent être légères afin de diminuer les effets de la force centrifuge, qui provoquent des matages ; de plus, elles sont soumises à de fortes températures, surtout celles d'échappement qui laminent des gaz enflammés.

Par suite, ces organes devront être fabriqués avec des matériaux de première qualité et présenter des formes qui ne permettent pas les déformations : la tête sera raccordée à la queue par un congé de fort diamètre, le trait de scie pour le rodage ne sera pas profond au point d'enlever de la rigidité à la tête. Les soupapes s'ouvrent vers l'intérieur du cylindre afin que la pression à la compression et à l'explosion ait tendance à bien les appliquer sur leur siège.

En marche normale, la force centrifuge agit dans ce sens et les ressorts de rappel deviennent superflus. Ils sont toutefois indispensables pour la mise en marche du moteur, mais leur bande sera faible. Il est nécessaire que l'axe de la soupape passe par l'axe du moteur et soit dans le plan de rotation de l'axe des cylindres ou dans un plan parallèle, afin que la force centrifuge soit dirigée suivant l'axe de la soupape et applique

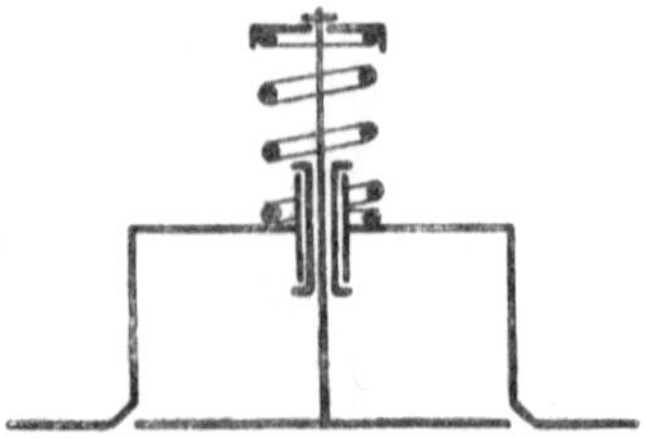

Fig. 85. - Ressort de rappel à boudin.

celle-ci sur son siège, sans effort oblique. Les sièges des soupapes sont à portée conique ou plate. La soupape conique est mieux assise sur son siège et dévie moins la veine fluide ; mais, à levée égale, elle offre une section de passage moindre que la soupape plate.

Les ressorts sont de catégories différentes, soit à boudins, à lames ou à pincettes et dans tous les cas ils doivent être protégés contre les gaz d'échappement par des cuvettes (fig. 85, 86, 87).

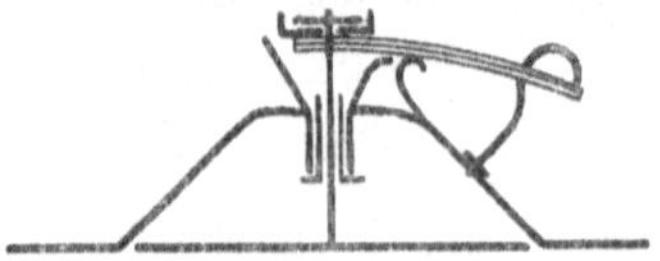

Fig. 86.- Ressort de rappel à lames.

Les guides de soupape devront être rapportés pour être changés facilement, car ils s'usent par les efforts d'inertie toujours appliqués dans le même plan. Le graissage des guides étant défectueux, ceux-ci seront en un métal doux, la foule par exemple, qui donne un bon frottement

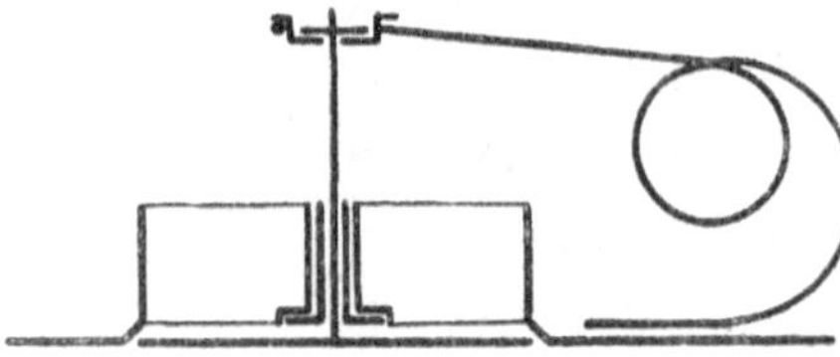

Fig. 87.- Ressort de rappel à pincettes.

Les grippages sont à craindre et risquent de provoquer des accidents à la mise en marche ou en marche normale. Il est nécessaire de vérifier fréquemment l'état des queues de soupape et des ressorts de rappel. Il y a lieu de se rendre compte aussi des fuites, car sièges et soupapes se voilent facilement, et de les éliminer par rodage. Une fuite négligée finit par laisser passer des jets de gaz, formant chalumeau, dont les effets peuvent être désastreux. Dans tous les cas, les fuites par les soupapes diminuent la compression, par suite le rendement du moteur, et par la soupape d'admission elles occasionnent des retours au carburateur qui peuvent être dangereux s'ils n'ont pas été prévus.

Chapitre VIII

Les pannes et les causes de mauvais fonctionnement

Les pannes sont les causes qui provoquent le mauvais fonctionnement ou l'arrêt du moteur. Celui-ci étant l'organe vital d'un appareil à sustentation dépendante, l'arrêt du moteur entrave la marche de l'appareil, lequel, livré à lui-même, n'a d'autre ressource que de gagner le sol en vol plané.

Un tel atterrissage forcé, à un moment inattendu, expose l'appareil aérien aux risques les plus graves : on comprend dès lors l'importance du bon fonctionnement du moteur, auquel est étroitement liée la sécurité de marche.

Malgré une construction soignée à l'usine, un réglage précis, un équilibrage parfait, tout organe mécanique est sujet à détérioration en cours de fonctionnement. Nous allons examiner les cas les plus fréquents des anomalies qui peuvent se présenter, sans avoir la prétention de les signaler toutes, chacun des organes pouvant se rompre, se dérégler, enfin ne plus remplir sa fonction pour des causes très variées.

Les pannes de moteur proviennent :

1. - **De l'allumage**, sa suppression provoquant l'arrêt instantané du moteur ; c'est « la panne sèche » ;
2. - **De la carburation** ;
3. - **Du réglage du moteur** ;
4. - **Du graissage** ;
5. - **De la rupture d'organes.**

L'allumage

C'est la fonction qui donne lieu à la plupart des pannes ; tout le circuit électrique est sujet à détérioration et nous allons passer en revue les avaries susceptibles de se produire aux divers organes, en suivant le circuit.

Magnéto

La magnéto est animée d'une grande vitesse de rotation. Pour un moteur 9 cylindres, par exemple, tournant à 1 290 tours-minutes, sa vitesse est de 1200×9 / 4 = 2700 tours-minute.

a) Si le graissage est insuffisant, les paliers s'échauffent, grippent et peuvent entraîner la rupture de l'arbre. Si l'huile est fournie en quantité trop abondante, la force centrifuge, les vibrations, la projettent sur toute sa surface et des courts-circuits peuvent se produire. Il est nécessaire d'effectuer le graissage des magnétos, en tenant compte des prescriptions faites par les constructeurs.

b) Les charbons du primaire et du secondaire, qui frottent sur des surfaces animées d'une grande vitesse de rotation, s'usent, peuvent même se coincer et se casser. Les poussières libérées encrassent les chemins de frottement et nuisent, au parfait contact des charbons : un nettoyage s'impose donc, au bout d'un certain temps de fonctionnement

c) L'isolant recouvrant l'induit peut disparaître, sur une certaine étendue, à la suite d'un choc ou d'un frottement quelconque. Les fils se trouvent mis à nu et des courts-circuits peuvent se produire. On dit que la magnéto est « grillée », elle ne donne plus de courant.

d) Le rupteur (fig. 88) est constitué par un levier d'équerre, articulé en son milieu sur un pivot et isolé de celui-ci par une bague en fibrine. Par l'humidité, cette fibre gonfle et gène le mouvement de rappel du levier. Les vis platinées sont constamment séparées et la rupture du primaire ne peut plus se produire, puisqu'il est ouvert : l'étincelle n'a plus lieu.

e) Les vis platinées s'usent par brûlure et matage, et les marteaux mis à nu sont rapidement hors de service.

f) Après un temps plus ou moins long de fonctionnement, les aimants des magnétos se désaimantent partiellement : le courant primaire produit perd de son voltage, le secondaire également et

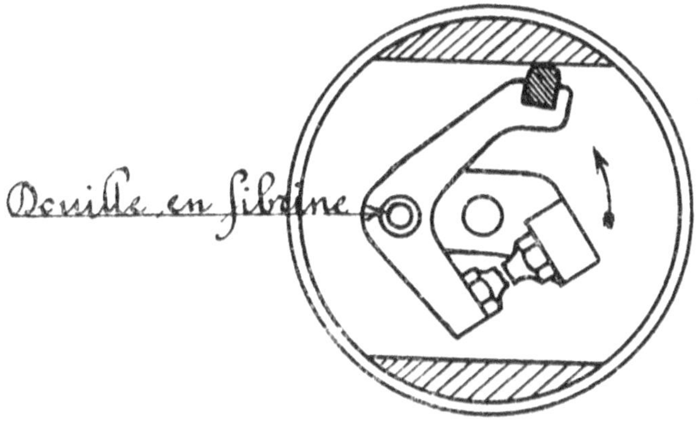

Fig. 88. - Rupteur de magnéto.

l'étincelle perd de sa chaleur, ce qui diminue la puissance des explosions et rend le départ excessivement dur.

g) À la suite de l'usure du frotteur de rupteur sur les cames, le point de séparation des vis platinées ne se fait plus au moment voulu, du maximum de flux, autre cause de perte de chaleur de l'étincelle.

h) Un rapprochement excessif des pointes du parafoudre ou un court-circuit entre ces pointes par eau, limaille, etc, supprime l'étincelle aux bougies.

i) La détérioration de l'isolant du condensateur annule son effet et donne des étincelles aux vis platinées, d'où perte de puissance du courant et désagrégation des vis.

Fiche de contact

La fiche de contact, qui réunit la borne du secondaire de la magnéto au porte-charbon, n'est guère susceptible de se détériorer. Cependant,il y a deux précautions à prendre :

1. - Pour l'attache : la réunion aux bornes n'a lieu que par contact à pression (fig. 89. Sur un appareil on fera une ligature au fil de laiton recuit entre les sections AB et CD.

On a réalisé de nouvelles attaches présentant une sécurité parfaite, la ligature devient alors superflue.

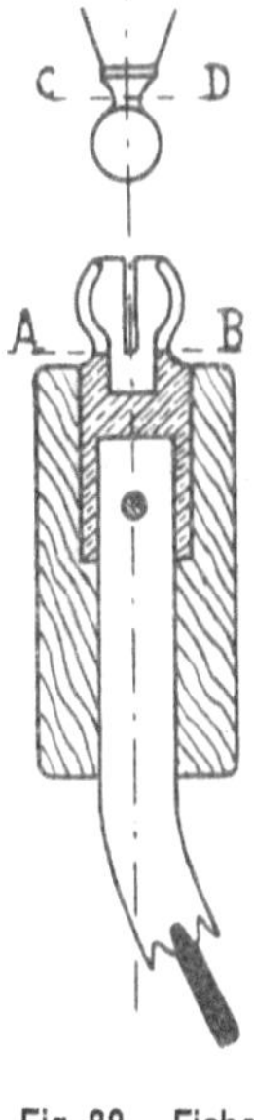

Fig. 89. - Fiche de contact de secondaire.

2. - Pour un meilleur isolement avec les pièces métalliques voisines, tout le contact et la ligature en laiton seront entourés d'un enroulement de chaterton.

Porte-charbon

Le charbon peut se trouver brisé à la suite d'un choc et donner lieu à des ratés intermittents. Le ressort doit appuyer modérément sur le charbon de façon que celui-ci frotte sans excès sur le distributeur qui se creuserait à la longue d'une gorge circulaire. Il est très important de vérifier la position du charbon au moment où une étincelle se produit. Au moment où les vis platinées se séparent, il doit appuyer sur le plot du distributeur, correspondant au cylindre en fin de compression.

Distributeur

Il constitue une pièce assez, fragile, en ébonite, avec plots en cuivre encastrés. Le moindre choc peut provoquer des fentes qui usent rapidement le charbon : un distributeur fendu doit être proscrit, la force centrifuge peut le faire voler en éclats.

L'huile de graissage se répand sur la face garnie de plots, pendant la marche du moteur : des courts-circuits peuvent ainsi se produire entre les plots : il est nécessaire, avant chaque départ, de nettoyer le distributeur avec un chiffon imbibé d'essence.

Fils d'allumage

Ces fils, en laiton de 6/10 à 1 millimètre, doivent être recuits.

Les attaches aux bornes du distributeur et aux bougies doivent être faites soigneusement. Il faut avoir soin de couper ras les extrémités du fil après la torsade, pour éviter des contacts accidentels avec des masses avoisinantes.

Les fils sont détachés des bougies lors de la vérification de ces dernières, qui est assez fréquente ; le recuit disparaît après les torsades successives et il est indispensable de changer les fils quand on les a détachés plusieurs fois, car ils peuvent casser pendant la marche, supprimant l'allumage dans les cylindres correspondants.

Dans le double allumage, les fils aboutissant aux bougies d'un même cylindre sont parfois très voisins. S'il y avait contact accidentel, le bénéfice du double-allumage serait en partie perdu car, en cas d'encrassement d'une bougie, l'autre ne fonctionne plus, le courant choisissant le chemin de moindre résistance.

Dans le cas où les bornes du distributeur sont difficilement accessibles, on opère l'attache de la façon suivante : le fil étant coupé de longueur, enrouler l'extrémité sur une fige de 1 millimètre, sur plusieurs spires (fig. 90). Passer l'extrémité opposée A, du fil, dans le trou de la borne, puis dans les spires et tirer le bout A. On obtient ainsi une attache propre et solide.

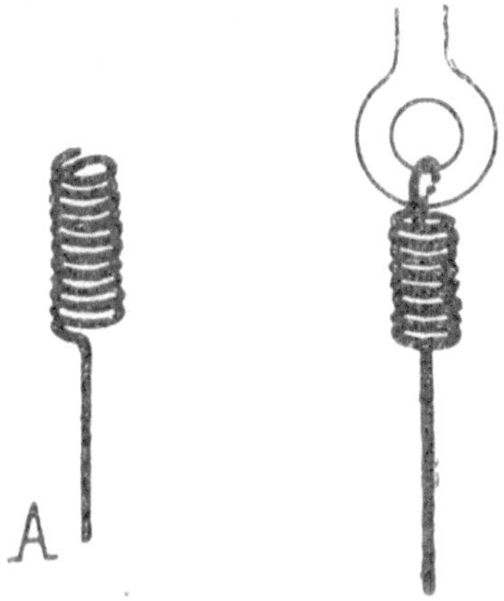

Fig. 90. - Attache de fil.

Bougies

Les bougies ont une influence considérable sur la marche des moteurs. Malgré toutes les dispositions adoptées, les soins apportés à la fabrication, elles finissent par s'encrasser, d'où résultent l'auto-allumage ou le court-circuit, supprimant l'étincelle. Il est donc nécessaire de les nettoyer fréquemment ; le décrassage s'opère en grattant légèrement les électrodes, sans projeter de particule métallique à l'intérieur, après un bain de plusieurs heures dans l'essence ou mieux dans l'alcool.

Avant chaque montage de bougie, il faut observer les prescriptions suivantes :

1. - Vérification de l'écartement des électrodes ;

2. - Ne pas visser une bougie qui force dans son filetage, avant d'avoir passé le taraud de 18 millimètres au pas de 1,5 mm ;

3. - Enduire le filet de graisse Belleville et mettre un joint métalloplastique entre la bougie et le cylindre.

Après l'arrêt du moteur, il est bon d'évacuer les résidus d'huile brûlée accumulés dans le fond des cylindres par la force centrifuge, en ouvrant les soupapes d échappement et en les faisant passer successivement par le point mort bas.

On pare ainsi en partie à l'incrustation des résidus, lesquels risquent d'encrasser fortement les bougies, rendant la mise en marche suivante du moteur très difficile, sinon impossible.

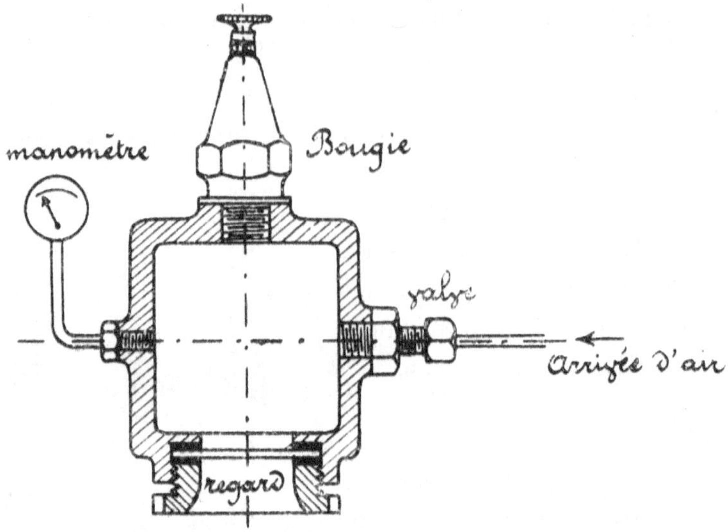

Fig. 91. – Appareil pour essais de bougies.

La vérification des bougies, avant le montage sur le cylindre, peut s'effectuer dans les mêmes conditions que pendant son fonctionnement sur le moteur (sauf l'échappement) à l'aide d'un appareil spécial (fig. 91). Cet appareil constitue une chambre hermétique, sur une face se visse la bougie, sur la face opposée est un regard : une valve permet de comprimer de l'air et de maintenir dans la chambre une pression égale à la pression dans le cylindre en fin de compression. On fait jaillir une étincelle à la bougie et par le regard, il est aisé de se rendre compte si elle fonctionne.

Fil de masse

Il est nécessaire que le fil de masse soit soigneusement isolé de la masse métallique de l'appareil. Si une mise à la masse, continue ou intermittente, par les vibrations du fil allant à l'interrupteur a lieu, des ratés ou l'arrêt immédiat du moteur se produisent.

La carburation

Les pannes provenant de la carburation sont plus rares que les précédentes, mais elles se produisent néanmoins pour diverses causes :

1. – L'arrivée d'essence peut être arrêtée par rupture ou obstruction de canalisation, ou plus fréquemment de gicleur. Il faut avoir soin de filtrer l'essence à travers une peau de chamois, avant son introduction dans les réservoirs, et d'établir un second filtre, sur le cours de la canalisation, pour arrêter les gouttelettes d'eau et autres impuretées.

2. - La carburation elle-même peut être mauvaise au point de provoquer des ratés. Avec une trop grande quantité d'essence, le mélange trop riche n'est plus explosif, il fuse, mais l'explosion ne se produit pas, le moteur est « noyé ».

On s'aperçoit de l'excès d'essence aux flammes noires de l'échappement Avec une trop grande quantité d'air, si le mélange reste explosif, l'explosion est très brutale et fait cogner le moteur ; par l'échappement sortent des flammes bleues, caractéristiques d'un excès d'air. Cet excès d'air provient généralement d'un mauvais réglage du carburateur, mais il peut provenir aussi des infiltrations d'air par les joints du carter ou les tubulures d'aspiration. Il est nécessaire d'interposer des joints sur les faces portantes des pipes d'admission.

3. - Le robinet de réglage d'essence doit être le plus près possible du gicleur. Si l'alésage du gicleur est trop grand, dans le vol, l'inertie de la colonne d'essence contenue dans le tube n'étant plus freinée suffisamment au gicleur, le débit est saccadé et le réglage impossible ; le moteur ne tourne pas régulièrement

Le réglage

Le moteur doit être constamment réglé conformément aux données du constructeur qui a étudié le réglage donnant le meilleur rendement. Ce réglage subit des variations à la suite de l'usure des organes de commande, des cames et des soupapes et il est nécessaire de le vérifier de temps en temps.

Les variations de quelques degrés, dans les angles d'avance ou de retard d'ouverture et de fermeture des soupapes, influent peu sur la marche du moteur, mais un réglage irraisonné peut provoquer des baisses de régime, véritables pannes.

Si la soupape d'admission s'ouvre avant que celle d'échappement soit fermée, les gaz frais seront enflammés, donnant un retour au carburateur, souvent très dangereux.

La soupape d'admission fermant avec trop peu de retard, la cylindrée est incomplète et le moteur perd de sa puissance. Avec trop de retard on aura une expulsion de gaz frais aspirés et une diminution de la compression. Une ouverture trop hâtive de la soupape d'échappement ne laisse pas s'effectuer assez longtemps la détente ; trop tardive, elle crée une pression supplémentaire pour l'expulsion des gaz brûlés.

La fermeture de l'échappement se fera vers le point mort haut, avec la condition que les deux soupapes ne soient pas ouvertes ensemble, mais qu'il y ait un intervalle, aussi minime que possible, entre la fermeture de l'une et l'ouverture de l'autre.

Le graissage

Les pompes à huile sont établies pour donner le graissage nécessaire et suffisant aux moteurs. Mais il peut arriver cependant que des organes s'échauffent d une façon anormale, par suite d'un manque de graissage, ce qui occasionne souvent leur rupture et paralyse le fonctionnement du moteur. Sans considérer les cas d'arrêt de la pompe par rupture de pièces, il peut arriver :

1. - L'obstruction de la canalisation d'huile, ou simplement d'un trou de graissage ;

2. - Que des huiles de qualité inférieure se décomposent sous l'action de la chaleur, en libérant des particules solides, provoquant le grippage ;

3. - Avec des grands froids et des altitudes élevées, l'huile peut se congeler, perdant ses qualités de limpidité ; les canalisations s'engorgent et le graissage n'a pas lieu.

Rupture d'organes

À la suite de nombreux essais et de l'étude approfondie des accidents dus à la rupture de pièces, les constructeurs se sont arrêtés à des formes d'organes et des qualités de métal, susceptibles de supporter en toute sécurité les fatigues imposées pendant la marche du moteur.

Cependant, à la suite de chocs imprévus, de mauvais montages ou de fatigue exagérée du métal, par une longue durée de fonctionnement, certaines pièces peuvent se briser, occasionnant l'arrêt du moteur

Ces ruptures d'organes ne peuvent guère se prévoir, car la fatigue ne modifie que la texture moléculaire du métal ; mais il est bon de vérifier de temps en temps l'étal des pièces sujettes à usure.

C'est ainsi que tous les constructeurs recommandent une visite générale du moteur toutes les trente heures environ de fonctionnement

Toute pièce qui présenterait des amorces de rupture, qui aurait subi un choc violent ou une usure exagérée sera changée.

Chapitre IX

Installation du moteur sur un appareil

Le rotatif se monte à l'avant ou à l'arrière de la nacelle, suivant le genre d'appareil, et de deux façons différentes :

1. - En cage. — Le moteur est supporté à l'arrière par le moyeu de volant boulonné sur une tôle nervurée de la nacelle ; à l'avant il tourne sur un roulement à billes emmanché sur le nez et supporté par une tôle découpée et nervurée, prenant attache sur les longerons (fig. 92).

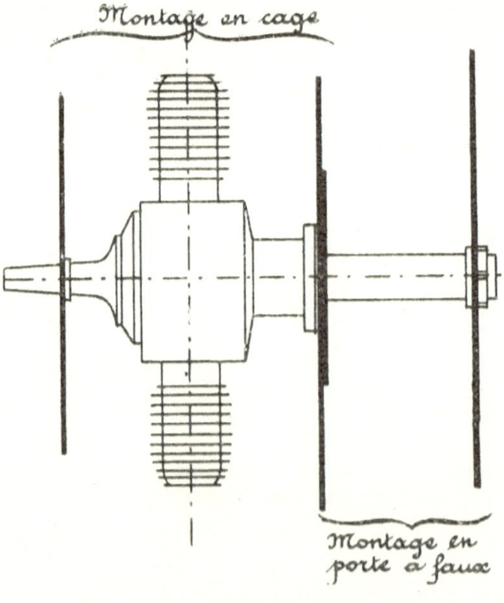

Fig. 92. - Divers montages d'un moteur.

2. - En porte à faux. — Avec une attache au moyeu de volant, l'autre à l'extrémité de l'arbre : une collerette, serrée par un écrou contre un épaulement du vilebrequin, est boulonnée sur quatre tirants prenant attache sur les longerons ; les quatre tirants et la collerette constituent la *patte d'araignée.*

Lors du montage du moteur, on aura soin de repérer le point mort haut qui sera placé sur la verticale de l'axe et au-dessus.

Dès que le moteur est bien fixé par ses attaches, on procède au montage de la magnéto, en observant son calage, de la pompe à huile et du carburateur.

Canalisation d'essence

L'essence est contenue dans un réservoir avant ou *nourrice*, en charge de 12 à 18 centimètres sur le gicleur. Un niveau gradué est placé sous les yeux du pilote qui est constamment renseigné sur la quantité de combustible dont il dispose.

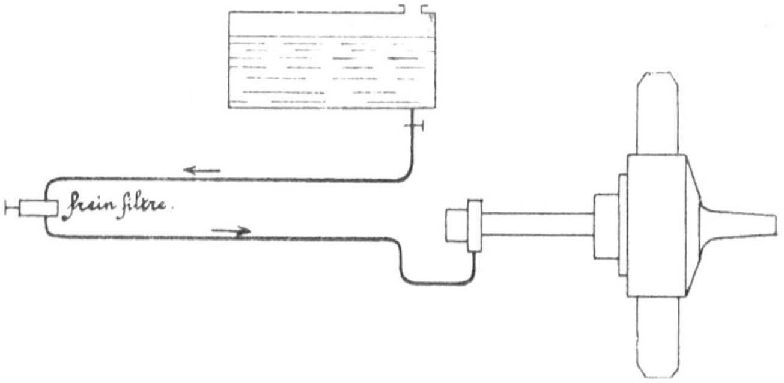

Fig. 93. — Alimentation par nourrice unique.

Pour les appareils à faible rayon d'action, la nourrice peut avoir des dimensions suffisantes pour contenir l'essence nécessaire à la randonnée, et constitue alors le réservoir unique (fig. 93). Si l'installation ne permet pas une charge suffisante au gicleur, on emploie un réservoir sous pression d'air avec mano-détendeur afin de conserver une pression constante (fig. 94).

Pour les appareils à grand rayon d'action, l'adjonction d'un réservoir supplémentaire s'impose (fig. 95). Son rôle est d'alimenter la nourrice au fur et à mesure de son débit.

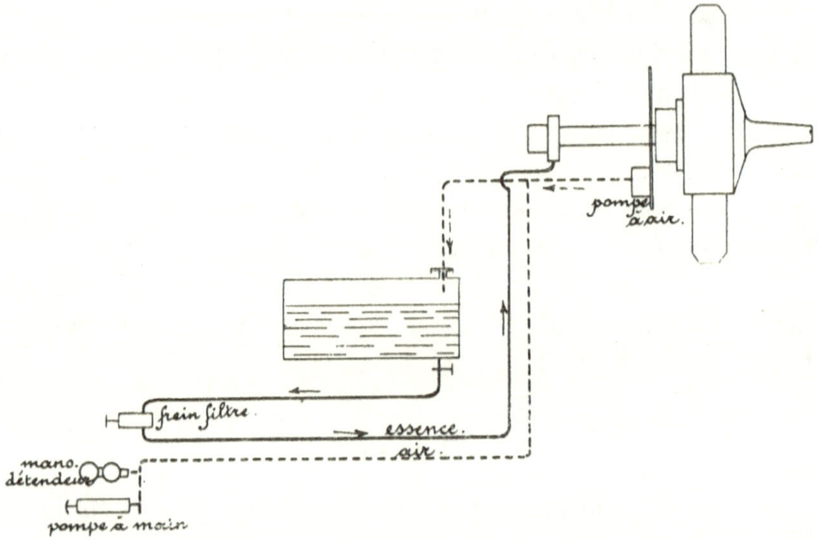

Fig. 94. — Alimentation par réservoir sous pression.

Le passage de l'essence d'un réservoir à l'autre se fait de plusieurs façons :

a) Par une *pompe à essence* entraînée par le moteur et noyée dans le fond du réservoir arrière.

b) Par une *pompe à air.* — L'air, comprimé au-dessus de l'essence, expulse celle-ci à la nourrice. La commande de la pompe à air se fait, soit au moteur, soit à la main, soit par une petite hélice réceptrice placée à l'avant de l'appareil.

L'emploi de la pompe à air nécessite un réservoir étanche, tandis qu'avec la pompe à essence le réservoir est à la pression atmosphérique, supprimant ainsi toute fuite provenant de la pression d'air, et éliminant toute cause d'éclatement et d'incendie.

L'essence circule dans une tuyauterie métallique. Comme elle est soumise aux vibrations, les soudures devront être évitées autant que possible.

Pour donner de la souplesse à la tuyauterie, on emploie des raccords de durit, mais ils ont l'inconvénient de provoquer à la longue l'obstruction de la conduite, à la suite de la désagrégation du caoutchouc.

Le raccord blocktube (fig. 96) remédie à cet inconvénient par l'interposition d'une olive entre les bouts des tubes à raccorder.

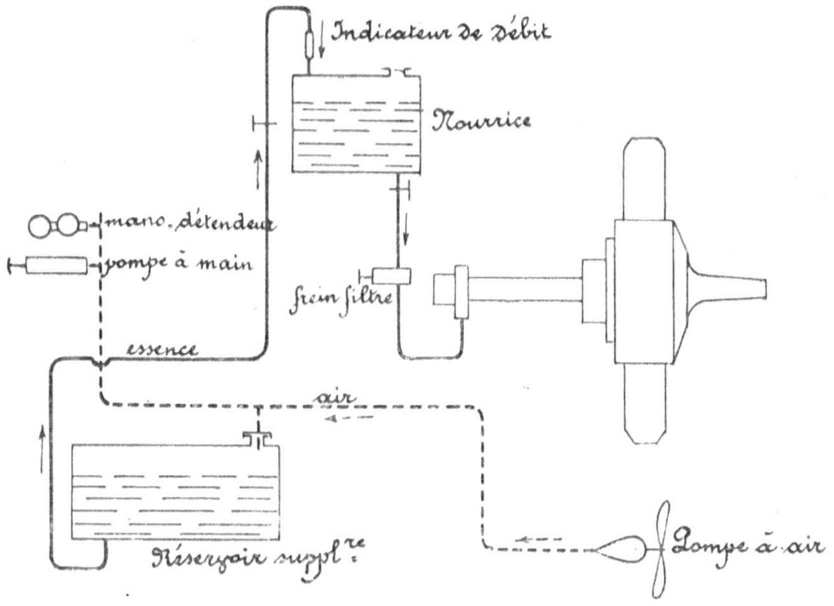

Fig. 95. – Alimentation par nourrice et réservoir supplémentaire.

L'essence devra être débarrassée de ses impuretés par filtrage. La figure 55 nous donne le croquis du frein-filtre blocktube qui doit être placé au point le plus bas de la canalisation.

Des robinets sont installés pour isoler les réservoirs du moteur.

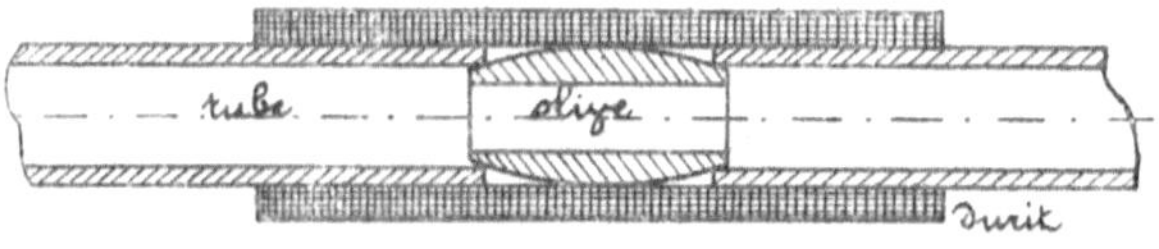

Fig. 96. – Record souple Blocktube.

On peut adjoindre, sur la tuyauterie, un indicateur d'alimentation de la nourrice qui sera constitué par l'interposition d'un tube de verre sur un crochet de la tuyauterie, placé sous les yeux du pilote.

La chambre du gicleur sera percée, au fond, d'un trou permettant l'évacuation de l'excès d'essence à l'extérieur, au moment de la mise en marche du moteur, pour éviter les incendies.

Signalons qu'au passage à travers les tôles, les tubes finissent par se cisailler du fait des vibrations, si on n'a pas le soin de les guider pour éviter tout frottement métallique.

Canalisation d'huile

L'huile de graissage est contenue dans un réservoir en charge sur la pompe. Souvent ce réservoir fait corps avec la nourrice, parfois il constitue un réservoir indépendant, et certains constructeurs le placent immédiatement derrière le moteur, afin de réchauffer l'huile. Le réservoir porte à sa partie inférieure un robinet à boisseau d'où part la tuyauterie de gros diamètre qui aboutit à la pompe.

Un niveau gradué est placé sur le réservoir. Parfois on le supprime, car la consommation d'huile est sensiblement proportionnelle à celle d'essence et les capacités des réservoirs sont établies proportionnellement aux consommations. Le niveau d'essence suffit alors à renseigner à la fois sur la quantité disponible des deux liquides.

L'huile est expulsée de la pompe aux tubes collecteurs de graissage à travers une tuyauterie de petit diamètre, avec embranchement à la cloche à huile bien en vue du pilote.

Avant la mise en marche du moteur, il sera nécessaire d'amorcer la pompe et la tuyauterie, si elle est d'un grand développement, afin que le graissage fonctionne immédiatement.

Précaution à prendre pour les réservoirs

Les réservoirs en charge constituent des récipients clos, pour éviter les fuites par les orifices ménagés à leur partie supérieure, dans les diverses positions qu'est susceptible de prendre un appareil. Les trous de remplissage sont fermés par des bouchons généralement vissés et munis de joints en cuir.

S'il n'existe aucune entrée d'air, au fur et à mesure du débit d'essence ou d'huile, le niveau baisse dans le réservoir et crée une dépression au-dessus du liquide, qui diminue d'autant la charge au gicleur ou à la pompe à huile. Cette dépression augmentant graduellement, il arrive que l'essence arrive au gicleur d'abord difficilement, puis par saccades et enfin plus du tout, de même la pompe à huile ne se remplit plus et finit par ne pomper que de l'air dans la tuyauterie de graissage.

Il est donc indispensable de percer les bouchons des réservoirs d'un trou de rentrée d'air de quelques millimètres de diamètre pour parer à ces graves inconvénients et afin que l'écoulement des liquides ne soit pas gêné.

Commandes

Les commandes doivent être établies en tenant compte des observations suivantes :

1. - Être d'un *fonctionnement sûr.* — Leur déréglage entrave, empêche parfois la marche du moteur et l'appareil subit fatalement la panne.
2. - Être *à portée du pilote.* — Afin que celui-ci les manœuvre sans difficulté et sans gêner ses mouvements réflexes.
3. - Être *réglables pour limiter les courses.*

Allumage. — Le pilote a sous la main deux interrupteurs de courant, ou *contacts*, pour supprimer l'allumage à un moment quelconque. Un de ces interrupteurs est placé sur le manche à balai, l'autre à portée de la main.

Essence. — Pour la canalisation d'essence, il y a deux manettes, en général : une pour, la commande de l'admission des gaz, l'autre pour le dosage d'essence.

Ces commandes peuvent être *souples* ou *rigides.* Les commandes souples sont sujettes plus facilement à un déréglage et nécessitent l'emploi de ressorts de rappel. En cas de rupture de la commande, le ressort doit agir de façon à ouvrir en grand la canalisation. Les commandes rigides, étant réversibles, sont préférables.

Tachymètre

Le tachymètre donne la vitesse instantanée du moteur. Il constitue un appareil précieux mais, malheureusement, il est sujet à des déréglages fréquents et à des arrêts de fonctionnement, son mécanisme étant très délicat.

Il sera bon que le pilote se méfie de ses indications et que le tachymètre ne soit pour lui qu'un contrôle de son oreille, exercée au bruit du moteur suivant sa vitesse.

Chapitre X

Essais - Conduite - Entretien

Essais

Après la fabrication, le montage et le réglage, le moteur passe aux essais, avant la livraison, et subit les épreuves imposées par les cahiers des charges qui consistent en essais de puissance et de consommation.

Essais de puissance

Ces essais s'effectuent à l'hélice ou au moulinet Renard : ce dernier procédé est le plus employé car il permet de connaître à chaque instant la puissance du moteur, connaissant son nombre de tours et l'abaque du moulinet.

On cherchera à faire rendre la maximum de puissance par le réglage du moteur et le réglage de la carburation. Quand le moteur est au point, on procède généralement :

a) **Au rodage**, en le faisant tourner une demi-heure au ralenti et quelques minutes à pleine charge.

b) **À un essai de quatre heures** à pleine puissance en relevant la puissance au bout de chaque heure. Cet essai terminé, on opère le démontage du moteur et la vérification générale des organes pour se rendre compte de la manière dont ils se comportent et s'ils satisfont aux conditions exigées.

c) **À un essai de vingt minutes** après remontage du moteur, suivi de l'étude des reprises.

Ces épreuves ont lieu au banc d'essai en éliminant autant que possible les causes d'erreur telles que le vent, la proximité d'une muraille, etc..., et au besoin en enfermant le moteur dans un escargot, pour un meilleur refroidissement.

La vitesse de rotation est mesurée au compte-tours ou au nombre de pulsations, comptées à la pompe à huile, qui indique à une constante près k, connue, le nombre de tours du moteur. Le tachymètre ne sera utilisé que pour apprécier les changements de régime et non pour une mesure précise de la vitesse.

Le moulinet dynamométrique Renard absorbe le travail développé par le moteur par la résistance de l'air. Il est formé d'une barre rectangulaire en frêne portant boulonnées, à égale distance de l'axe, deux plaques en aluminium. Le montage sur le nez du moteur se fait par moyeu d'hélice.

La barre est percée de trous à intervalles égaux afin de pouvoir modifier l'écartement des deux plans qui doivent être montés symétriquement par rapport à l'axe.

Suivant la puissance à absorber, on arrête le choix des trous et la grandeur des plans.

Si M est le moment moteur,
δ le poids du mètre cube d'air,
n le nombre de tours-minute.

On a : $$M = k_m \delta n^2$$

où k_m est le coefficient de moment.

La puissance P est égale à :

$$P = M\omega = k_m \delta n^2 (\pi n / 30) = (\pi k_m / 30) \delta n^3$$

En posant : $\pi k_m / 30 = k_p$ = coefficient de puissance,

on a : $$P = k_p \delta n^3$$

Ce qui démontre que, connaissant k_p et δ, l'expérience se résume à une mesure de la vitesse de rotation.

Le moulinet est taré à la balance dynamométrique qui donne la valeur de k_p indépendante de la vitesse.

Il existe une série de moulinets définis par le *module*, ou écartement en centimètres de deux trous, soit e. Les caractéristiques d'un moulinet sont :

Longueur de la barre		24 *e*
Épaisseur —		*e*
Hauteur du profil de la barre		2 *e*
Plan	côté	$^{60}/_{11}$ *e*
	épaisseur	$^{4}/_{55}$ *e*
Diamètre des boulons		$^{10}/_{55}$ *e*
— de l'arbre		$^{40}/_{55}$ *e*

Chaque moulinet a une abaque qui donne immédiatement la puissance absorbée, connaissant le nombre de tours, la grandeur et l'écartement des plans, ainsi que la densité de l'air.

Essais de consommation

Les essais de consommation se font simultanément à ceux de puissance.

Combustible et lubrifiant sont contenus dans des réservoirs jaugés qui donnent à chaque instant la consommation du moteur. Celle d'essence est très variable, suivant le réglage de la carburation, et l'essai de consommation aura lieu en choisissant la carburation donnant le meilleur rendement du moteur.

La consommation d'huile est constante avec une pompe à débit invariable. Dans le cas d'un débit variable, le réglage aura lieu pour donner le graissage nécessaire et suffisant, propre au bon fonctionnement du moteur.

Conduite

Le moteur étant l'organe essentiel de l'appareil aérien, il importe qu'il soit conduit avec grand soin, afin de lui éviter des fatigues exagérées et de pouvoir compter d'une façon à peu prés certaine sur son fonctionnement.

Il est nécessaire pour cela que le pilote connaisse et « sente » son moteur, c'est-à-dire qu'il se rende compte exactement des conditions de fonctionnement.

L'éducation de l'oreille au son sera d'une grande importance et le bruit de la rotation renseignera de suite sur la puissance donnée par le moteur, sur la provenance et l'importance des perturbations qui peuvent survenir.

Mise en marche

Le lancement du groupe moto-propulseur a lieu en vainquant l'inertie de la masse au moyen d'une première explosion déterminée par un moyen quelconque. On commence à injecter une petite quantité d'essence dans les cylindres et le lancement se fait par plusieurs procédés:

1. - À la main. — Ce procédé est le plus couramment employé, mais il est assez dangereux et nécessite beaucoup de prudence de la part de l'opérateur. S'il est pratique pour les petites puissances, il devient très pénible dès que le moteur dépasse 100 HP

2. - À la manivelle, par l'intermédiaire d'une démultiplication prise sur un pignon monté à l'arrière du carter et qui se débraye automatiquement, après la mise en marche ou en cas de retour. Ce procédé, simple et sans danger, ne peut être adopté que lorsqu'on dispose d'un espace suffisant dans la nacelle.

3. - À la magnéto de départ, comme il a été indiqué au chapitre sur l'allumage.

Conduite en vol

Faisons d'abord quelques remarques :

a) Le recul d'une hélice est beaucoup plus grand au point fixe qu'en vol. D'où accroissement en vol de la vitesse de rotation du moteur qui peut atteindre de 50 à 300 tours, suivant le genre d'hélice.

b) La carburation change avec la pression atmosphérique, donc avec l'altitude, comme il a été signalé au chapitre sur la carburation. Pour une section de passage d'air et une dépression au-dessus du gicleur données, la vitesse de l'air dans le canal d'admission est constante, quelle que soit l'altitude. La quantité d essence aspirée, qui ne dépend que de cette vitesse, est la même. Mais l'air aspiré a une densité proportionnelle à la pression atmosphérique. On conçoit donc que, toutes choses égales d'ailleurs, on aura un excès d'essence en altitude.

Il sera donc nécessaire d'agir dans le sens d'une diminution d'essence en manœuvrant la manette de commande du robinet freinant l'essence dans la tuyauterie d amenée

c) En réglant ainsi la carburation on constate que, en s'élevant, le moteur conserve sensiblement son régime. On serait donc tenté de croire qu'il conserve aussi sa puissance, ce qui serait contraire aux calculs qui nous ont permis d'établir la courbe (fig. 51) .

Il n'en est rien et si le régime se maintient, c'est que :

1. - L'hélice subit de la part de l'air, en quelque sorte raréfié, un freinage moindre.

2. - La cylindrée du moteur est imparfaite en ce sens que le cycle s'accomplit à des pressions moins élevées et que toutes les ordonnées du diagramme sont réduites dans une certaine proportion.

Il y aura intérêt à adopter pour la marche normale un régime du moteur qui ne corresponde pas au maximum de puissance, de façon à conserver un excès d'énergie en réserve qui pourra être utilisé dans les moments difficiles.

Le point le plus important réside dans le réglage de la carburation. Le pilote conduira son moteur au minimum d'essence, d'où les avantages :

- Maximum de rendement et dépense minimum de combustible, d'où augmentation du rayon d'action.
- Encrassement minimum et bonne conservation du moteur.
- Pas d'échauffement anormal, provenant d'excès d'essence et fatigue moindre des organes.

Entretien

L'entretien du moteur exige des soins aussi minutieux que la conduite et pour les mêmes raisons. En dehors de l'entretien courant, de la vérification générale, il est nécessaire de procéder, après chaque vol, à diverses opérations :

Le *pétrolage* s'impose afin de dissoudre les crasses formées pendant le fonctionnement ; il consiste à injecter du pétrole dans les cylindres quand le moteur n'est pas complètement refroidi. S'il était trop chaud, on risquerait de voiler les soupapes ; trop froid, les crasses seraient déposées et durcies et le pétrolage ne serait plus d'aucun effet.

L'extérieur des cylindres et du carter sera maintenu en un parfait état de propreté pour que la transmission de chaleur à l'air ambiant se fasse dans de bonnes conditions.

La distribution sera souvent vérifiée pour se rendre compte de l'usure et des variations de réglage, ainsi que l'état des soupapes et ressorts.

L'allumage sera surveillé dans tout son circuit et entretenu d'après l'exposé qui a été fait au chapitre sur les pannes.

Table des Matières

Chapitre IV - **L'Allumage**

Chapitre V - **La carburation**

Chapitre VI - **Le graissage et le refroidissement**

Chapitre VII - **Étude technologique**

Chapitre VIII - **Les pannes**

Chapitre IX - **Installation du moteur sur un appareil**

Chapitre X - **Essais - Conduite - Entretien**

aviation

www.decoopman.com

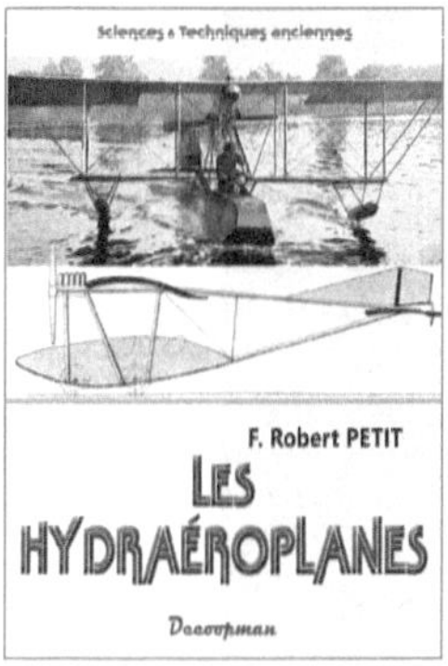

Éditions Decoopman - Ferrières - 30440 Saint-Laurent-le-Minier
Tel: +33 (0) 4.67.73.90.95 - web: www.decoopman.com - e.mail: livres@decoopman.com

Imprimé en France
Lightning Source - 78310 Maurepas

www.ingramcontent.com/pod-product-compliance
Lightning Source LLC
LaVergne TN
LVHW090438061026
849522LV00002B/696
9782369651857